BIJIBEN
DIANNAO JIANCE YU WEIHU

笔记本
电脑检测与维护

■ 主　编　徐　燕
■ 主编单位　上海市第二轻工业学校
仁里信息科技（上海）有限公司

重庆大学出版社

内容提要

本书围绕计算机与数码产品维修岗位的技能要求，全面系统地介绍了笔记本电脑的基础知识、基本概念和关键技术等，力求使读者能从维修体系、维修内容、维修方法、维修流程等方面了解、掌握笔记本电脑维修岗位的核心技能。

图书在版编目(CIP)数据

笔记本电脑检测与维护/徐燕主编.—重庆：重庆大学出版社，2016.8
ISBN 978-7-5689-0075-1

Ⅰ.①笔… Ⅱ.①徐… Ⅲ.①笔记本计算机—检测—中等专业学校—教材②笔记本计算机—维修—中等专业学校—教材 Ⅳ.①TP368.320.6

中国版本图书馆 CIP 数据核字(2016)第 193598 号

笔记本电脑检测与维护

主 编 徐 燕
策划编辑：章 可
责任编辑：陈 力 版式设计：章 可
责任校对：关德强 责任印制：张 策
*
重庆大学出版社出版发行
出版人：易树平
社址：重庆市沙坪坝区大学城西路 21 号
邮编：401331
电话：(023) 88617190 88617185(中小学)
传真：(023) 88617186 88617166
网址：http://www.cqup.com.cn
邮箱：fxk@cqup.com.cn (营销中心)
全国新华书店经销
重庆长虹印务有限公司印刷
*
开本：787mm×1092mm 1/16 印张：12 字数：277 千
2016 年 9 月第 1 版 2016 年 9 月第 1 次印刷
ISBN 978-7-5689-0075-1 定价：38.00 元

编写委员会

主　任：倪　虹

副主任：金啸峰　游世芳

委　员：陈发明　刘晓尧　徐　燕

　　　　黄国斌　胡灿阳　王亚南

主　编：徐　燕

QIANYAN 前言

随着职业教育课程改革的全面推进,"以学生发展为本"的基本理念正逐步渗透中职学校课程教学的每个环节。中等职业学校培养的学生将直面社会,岗位对人才的要求就是中职学校课程设置以及课程内容的依据。"笔记本电脑检测与维护"课程是我校计算机与数码产品维修专业与仁里信息科技(上海)有限公司在校企合作的基础上,共同开发并与实际工作岗位相对接的专业核心课程。

2015年,我校与仁里信息科技(上海)有限公司签订校企合作协议,校企双方在计算机与数码产品维修专业的专业建设、课程改革、实训室建设、教材建设、教学资源建设、师资队伍建设等方面进行交流合作。在过去的一年里,我校计算机与数码产品维修专业的专业教师与华硕电脑(上海)有限公司产品维修课的技术人员,根据信息技术的发展和笔记本电脑维修岗位的技能要求对专业核心课程"笔记本电脑检测与维护"进行了课程改革,力争使课程教学内容与实际工作岗位技能要求相对接。经过专业教师和技术人员的共同努力,目前已完成IT产品芯片维修实训室的建设和"笔记本电脑检测与维护"课程标准及教材的开发。

"笔记本电脑检测与维护"课程重点培养学生从事笔记本电脑拆组装、故障检测、判定及维修、整机维修流程的组织与实施等综合性工作能力,是培养学生从事计算机与数码维修岗位核心技能的课程之一。在课程内容的设计上紧紧围绕职业能力,以项目任务为中心进行组织,构建了六大项目模块:职业道德与法律规范、认识电子零件、电脑故障排查的基本思路、操作系统类故障、设备故障、资料备份。在编写过程中,我们力图达到以下目标:满足职业教育改革与发展、社会政治经济发展以及信息技术学科发展的要求;努力实施和形成新型的教学模式和评价方法;以就业为导向,努力提高学生信息素养,切实关注学生的持续发展。

在教材编写中充分考虑了中职学校学生的现有状况,力争使教材有利于调动学生学习的主动性和积极性、有利于教师组织教学活动,有利于培养学生的团队合作精神。

笔记本电脑技术发展日新月异,教学改革任重道远。由于编者学识有限,书中出现的不妥之处敬请各位同仁、读者批评指正。

编　者

2016年6月

CONTENTS 目录

第一章　IT售后维修维护服务人员道德规范

教学目标：

1.熟悉 IT 售后维修维护服务人员的职业道德。

2.了解“三包规定”。

第一节　职业道德

随着人们物质文化生活的提高，各个行业的从业人员受到的诱惑越来越多，被服务客户也会越来越关注自己所享受服务的品质。所以职业道德这个名词也越来越多地出现在大家的言语中。何谓道德？在社会生活中，为了调节人们的关系，约束人们的行为，保证社会的安定与秩序，除法制外，还需要一种规则与规范，这些规范就是道德。职业道德便是社会分工的产物，不同的职业有其自己独特的道德要求，有各自的职业道德。职业道德不仅指行为要求，而且包括本行业对社会所承担的道德责任和义务。一个人，不论从事哪一行，哪一业，在职业活动中都要遵守道德，很多行业都有着自己成文的或不成文的道德规范要求。无论哪个行业，职业道德主要构成通常包括两个方面：一是在国家和行业有关法律、法规和规章中，关于职业道德和行为规范的要求，这些都是成文的，并以国家强制力为后盾，具有法律效力或行政效力，必须严格执行，违者将受到追究；二是早已存在于行业职业活动中并被行业从业人员承认的自觉遵守的纪律、习惯和规矩等，这方面的内容有成文的，也有不成文的，主要是通过公众舆论、群体力量、组织尊严、习惯约束、规矩限制等形式保证实施的。

对于一名 IT 售后维修维护服务人员，职业道德在法律方面主要包括：尊重知识产权、维护计算机安全、尊重客户隐私；存在于行业活动中的规范主要包括：爱岗敬业、热情服务客户、诚实守信、办事公道、奉献社会等几个方面。

1.尊重知识产权

①应使用正版软件，坚决抵制盗版，尊重软件作者的知识产权。

②不对软件进行非法复制。

③不要擅自篡改他人计算机内的系统信息资源。

2.维护计算机安全

计算机安全是指计算机信息系统的安全。不要蓄意破坏和损伤他人的计算机系统设备及资源。

①不要使用带病毒的软件,更不要有意传播病毒(传播带有病毒的软件)给其他计算机系统。

②维护计算机的正常运行,保护计算机系统数据的安全。

③被授权者对自己享用的资源负有保护责任,不应该到他人的计算机里去窥探,不能私自阅读他人的通信文件(如电子邮件),不得私自复制不属于自己的软件资源。

④不得蓄意破译别人口令,口令密码不得泄露给外人。

3.尊重客户隐私

对于在服务过程中获取的客户信息,必须予以保护,不得用作其他商业目的。

4.爱岗敬业

热爱 IT 售后维修维护工作是 IT 售后维修维护从业人员道德理想、道德情感、道德义务的综合反映和集中体现。主要表现为:严守岗位、树立职业理想、强化职业责任、提高职业技能。

①严守岗位。表现为热爱自己的工作,以本业为荣,以本职为乐。

②树立职业理想。"360 行,行行出状元""不想当将军的士兵不是好士兵",开拓进取,这是实现职业价值的基本保证。

③强化职业责任。在职业活动中不计名利、勇于吃苦、任劳任怨,说老实话,办老实事,做老实人,吃苦在前,享受在后,迎着困难上,在奉献中充分体现人生的价值。

④提高职业技能服务行业。一是认真学习技术,提高工作技能。认真学习新技术,学习质量检验技术的有关理论,勇于实践,不断提高自己的工作能力;二是认真学习管理业务知识,努力提高管理工作业务素质,实现岗位的价值。

5.热情服务客户

热情服务客户是一种道德感情,又是一种道德行为。这就要求从业人员满足顾客受尊重的需要和自尊的需要,坚持顾客至上原则,反对玩忽职守的渎职行为。

6.诚实守信

认真执行公司的相关守则,忠实所属企业,维护企业信誉,严守公司商业机密。

7.办事公道

要求从业人员做到坚持真理、公私分明、公正公平、光明磊落。

8.奉献社会

奉献社会是积极自觉为社会作贡献。奉献社会是社会主义职业道德的本质特征。

第二节 三包规定

三包是零售商业企业对所售商品实行"包修、包换、包退"的简称,是指商品进入消费领域后,卖方对买方所购物品负责而采取的在一定限期内的一种信用保证办法。对不是因用户使用、保管不当,而属于产品质量问题而发生的故障提供该项服务。

第一条 为保护消费者的合法权益,明确销售者、修理者、生产者承担的部分商品的修理、更换、退货(以下称为三包)的责任和义务,根据《中华人民共和国产品质量法》《中华人民共和国消费者权益保护法》及有关规定制定本规定。

第二条　本规定所称部分商品，是指《实施三包的部分商品目录》（以下简称目录）中所列产品。目录由国务院产品质量监督管理部门会同商业主管部门、工业主管部门共同制定和调整，由国务院产品质量监督管理部门发布。

第三条　列入目录的产品实行谁经销谁负责三包的原则。销售者与生产者、销售者与供货者、销售者与修理者之间订立的合同，不得免除本规定的三包责任和义务。

第四条　目录中规定的指标是履行三包规定的最基本要求。国家鼓励销售者和生产者制定严于本规定的三包实施细则。

本规定不免除未列入目录产品的三包责任和销售者、生产者向消费者承诺的高于列入目录产品三包的责任。

第五条　销售者应当履行下列义务：

（一）不能保证实施三包规定的，不得销售目录所列产品。

（二）保持销售产品的质量。

（三）执行进货检查验收制度，不符合法定标识要求的，一律不准销售。

（四）产品出售时，应当开箱检验，正确调试，介绍使用维护事项、三包方式及修理单位，提供有效发票和三包凭证。

（五）妥善处理消费者的查询、投诉，并提供服务。

第六条　修理者应当履行下列义务：

（一）承担修理服务业务。

（二）维护销售者、生产者的信誉，不得使用与产品技术要求不符的元器件和零配件。认真记录故障及修理后产品质量状况，保证修理后的产品能够正常使用30日以上。

（三）保证修理费用和修理配件全部用于修理。接受销售者、生产者的监督和检查。

（四）承担因自身修理失误造成的责任和损失。

（五）接受消费者有关产品修理质量的查询。

第七条　生产者应当履行下列义务：

（一）明确三包方式。生产者自行设置或者指定修理单位的，必须随产品向消费者提供三包凭证、修理单位的名单、地址、联系电话等。

（二）向负责修理的销售者、修理者提供修理技术资料、合格的修理配件，负责培训，提供修理费用。保证在产品停产后5年内继续提供符合技术要求的零配件。

（三）妥善处理消费者直接或者间接的查询，并提供服务。

第八条　三包有效期自开具发票之日起计算，扣除因修理占用和无零配件待修的时间。三包有效期内消费者凭发票及三包凭证办理修理、换货、退货。

第九条　产品自售出之日起7日内，发生性能故障，消费者可以选择退货、换货或修理。退货时，销售者应当按发票价格一次退清货款，然后依法向生产者、供货者追偿或者按购销合同办理。

第十条　产品自售出之日起15日内，发生性能故障，消费者可选择换货或者修理。换货时，销售者应当免费为消费者调换同型号同规格的产品，然后依法向生产者、供货者追偿或者按购销合同办理。

第十一条　在三包有效期内，修理两次，仍不能正常使用的产品，凭修理者提供的修理记录和证明，由销售者负责为消费者免费调换同型号同规格的产品或者按本规定第十三条的规定退货，然后依法向生产者、供货者追偿或者按购销合同办理。

第十二条　在三包有效期内，因生产者未供应零配件，自送修之日起超过90日未修好的，修理者应当在修理状况中注明，销售者凭此据免费为消费者调换同型号同规格产品。然后依法向生产者、供货者追偿或者按购销合同办理。

因修理者自身原因使修理期超过30日的，由其免费为消费者调换同型号同规格产品。费用由修理者承担。

第十三条　在三包有效期内，符合换货条件的，销售者因无同型号同规格产品，消费者不愿调换其他型号、规格产品而要求退货的，销售者应当予以退货；有同型号同规格产品，消费者不愿调换而要求退货的，销售者应当予以退货，对已使用过的商品按本规定收取折旧费。折旧费计算自开具发票之日起至退货之日止，其中应当扣除修理占用和待修的时间。

第十四条　换货时，凡属残次产品、不合格产品或者修理过的产品均不得提供给消费者。换货后的三包有效期自换货之日起重新计算。由销售者在发票背面加盖更换章并提供新的三包凭证或者在三包凭证背面加盖列换章。

第十五条　在三包有效期内，除因消费者使用保管不当致使产品不能正常使用外，由修理者免费修理（包括材料费和工时费）。对应当进行三包的大件产品，修理者应当提供合理的运输费用，然后依法向生产者或者销售者追偿，或者按合同办理。

第十六条　在三包有效期内，提倡销售者、修理者、生产者上门提供三包服务。

第十七条　属下列情况之一者，不实行三包，但是可以实行收费修理：

（一）消费者因使用、维护、保管不当造成损坏的。

（二）非承担三包修理者拆动造成损坏的。

（三）无三包凭证及有效发票的。

（四）三包凭证型号与修理产品型号不符或者涂改的。

（五）因不可抗拒力造成损坏的。

第十八条　修理费用由生产者提供。修理费用指三包有效期内保证正常修理的待支费用。

第十九条　销售者负责修理的产品，生产者按照合同或者协议一次拨出费用，具体办法由产销双方商定。销售者委托或者指定修理者的，其修理费的支付形式由销售者和修理者双方合同约定。专款专用。生产者自行选择其他方式或者自行设置修理网点的，由生产者直接提供修理费用。

第二十条　生产者、销售者、修理者破产、倒闭、兼并、分立的，其三包责任按国家有关法规执行。

第二十一条　消费者因产品三包问题与销售者、修理者、生产者发生纠纷时，可以向消费者协会、质量管理协会用户委员会和其他有关组织申请调解，有关组织应当积极受理。

第二十二条　销售者、修理者、生产者未按本规定执行三包的，消费者可以向产品质量监督管理部门或者工商行政管理部门申诉，由上述部门责令其按三包规定办理。消费者也可以依法申请仲裁解决，还可以直接向人民法院起诉。

第二十三条　本规定由国务院产品质量监督管理部门负责解释。

第二十四条　本规定自发布之日起施行。原国家经济委员会等8部委局发布的国标发(1986)177号《部分国产家用电器三包规定》同时废止。其他有关规定与本规定不符的，以本规定为准。

消费者购买的产品出现以下情况，有权要求经销者承担三包责任：

1.不具备产品应当具备的使用性能，而事先没有说明的；

2.不符合明示采用的产品标准要求；

3.不符合以产品说明、实物样品等方式表明的质量状况；

4.产品经技术监督行政部门等法定部门检验不合格；

5.产品修理两次仍不能正常使用。

三包责任时间规定：

1.“7日”规定：产品自售出之日起7日内，发生性能故障，消费者可以选择退货、换货或修理。

2.“15日”规定：产品自售出之日起15日内，发生性能故障，消费者可以选择换货或修理。

3.“三包有效期”规定：“三包”有效期自开具发票之日起计算。在国家发布的第一批实施“三包”的18种商品中，如彩电、手表等的“三包”有效期，整机分别分半年至一年，主要部件为一年至三年。在“三包”有效期内修理两次，仍不能正常使用的产品，消费者可凭修理记录和证明，调换同型号同规格的产品或按有关规定退货，“三包”有效期应扣除因修理占用和无零配件待修的时间。换货后的“三包”有效期自换货之日起重新计算。

4.“90日”规定和“30日”规定：在“三包”有效期内，因生产者未供应零配件，自送修之日起超过90日未修好的，修理者应当在修理状况中注明，销售者凭此据免费为消费者调换同型号同规格产品。

5.“30日”和“5年”的规定：修理者应保证修理后的产品能够正常使用30日以上，生产者应保证在产品停产后5年内继续提供符合技术要求的零配件。

6.新三包规定从1995年8月25日起实施，凡在该日以后购买列入三包目录产品，消费者有权要求销售者、修理者、生产者承担三包责任。对1995年8月25日以前购买的产品，只能继续按照1986年发布的《部分国产家用电器三包规定》执行。

第二章　认识电子零件

教学目标：

1.熟悉主板的架构。

2.了解芯片组、图形处理器 GPU 及集成电路芯片。

3.了解各电子元器件及笔记本电脑的组件。

第一节　主板的架构

主板的架构是指主板各主要部件之间的连接与直接控制关系。

例如图 2.1 中传统 Intel 945G 平台，CPU 通过前端总线连接北桥（GMCH：Graphic and Memory Controller Hub）。北桥控制显卡（独立和集成）和内存。北桥通过 DMI 总线连接南桥（ICH：Input and Output Controller Hub），南桥用来控制声卡、网卡、SATA、USB、PCI-EX1 等外设。南桥通过 LPC 总线连接 SIO（Super I/O）。SIO 用来控制 PS/2 键盘、COM 口控制器、并行打印接口、硬件侦测等设备。BIOS 通过 SPI 总线连接到南桥。

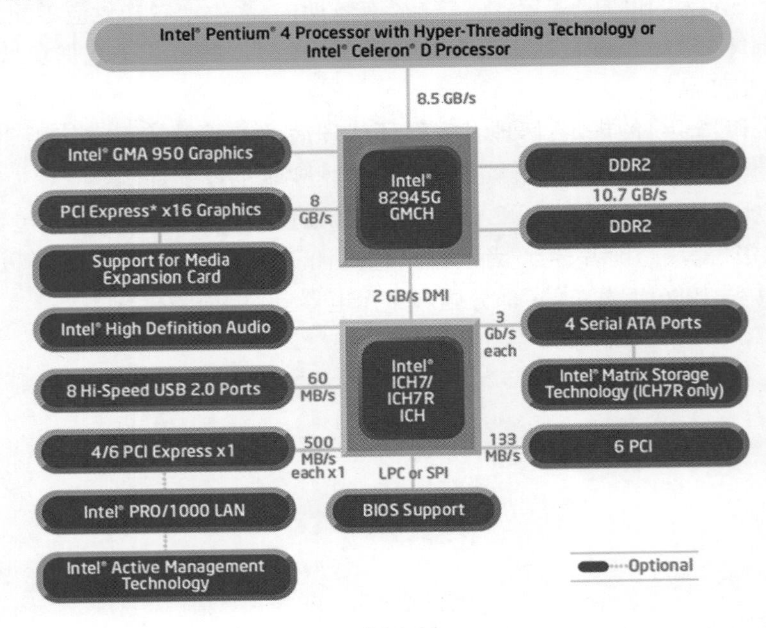

图 2.1

在主板上应如何识别南北桥呢？北桥和南桥是芯片组，是主板上最大的两个集成电路。根据上面所讲的连接关系可知，在主板上靠近 CPU 座子的大芯片为北桥，远离 CPU 座子的大芯片为南桥，如图 2.2 所示。

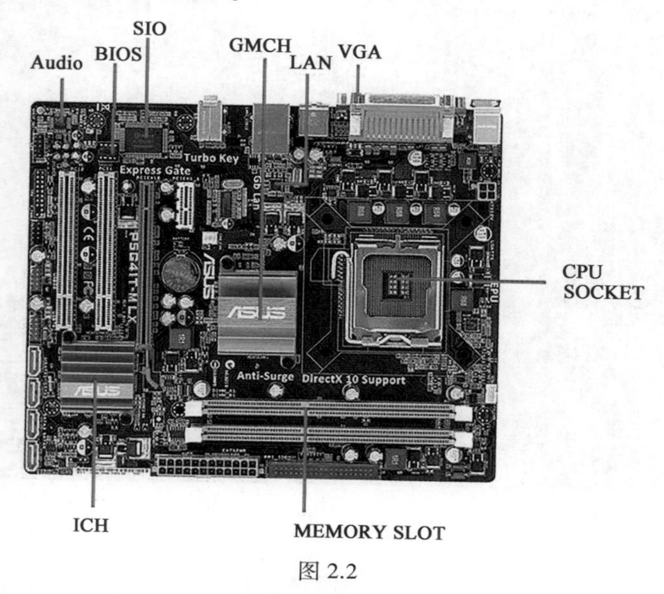

图 2.2

现在 Intel 主流的芯片组为 Intel 8 系列 Lynx Point。架构上与之前有所不同，北桥的显卡和内存控制功能融入 CPU，北桥的管理引擎及其他功能融入南桥（PCH）。南桥和 CPU 之间通过 DMI 总线连接，集成 VGA 输出接口连接南桥，并通过 FDI 总线与 CPU 中的集成显卡控制器相连接。内存和显卡功能融入 CPU，使得它们之间的读取速度更快，以达到更加优化的性能，如图 2.3—图 2.5 所示。

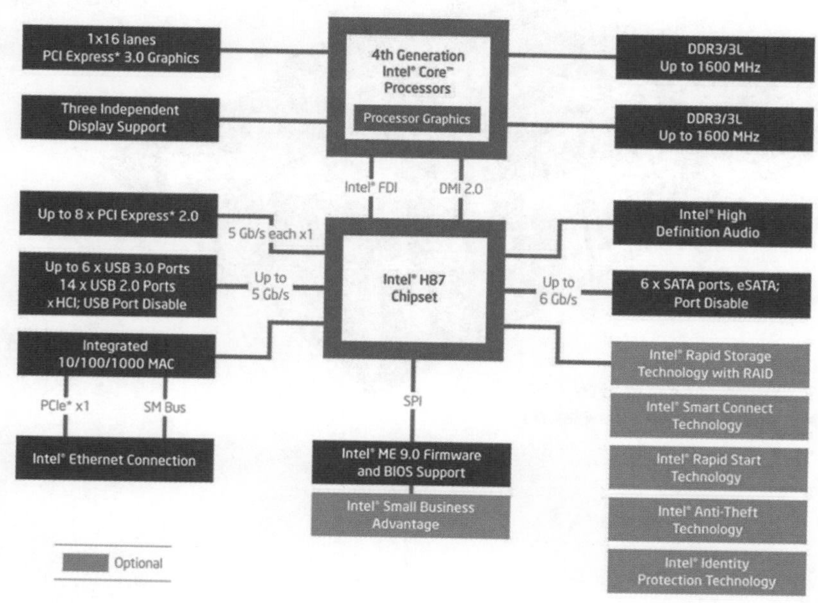

图 2.3

SIO
Audio
LAN
LGA1150
CPU Socket
HDMI IC
PCI Bridge
IC
PCH
MEMORY

图 2.4

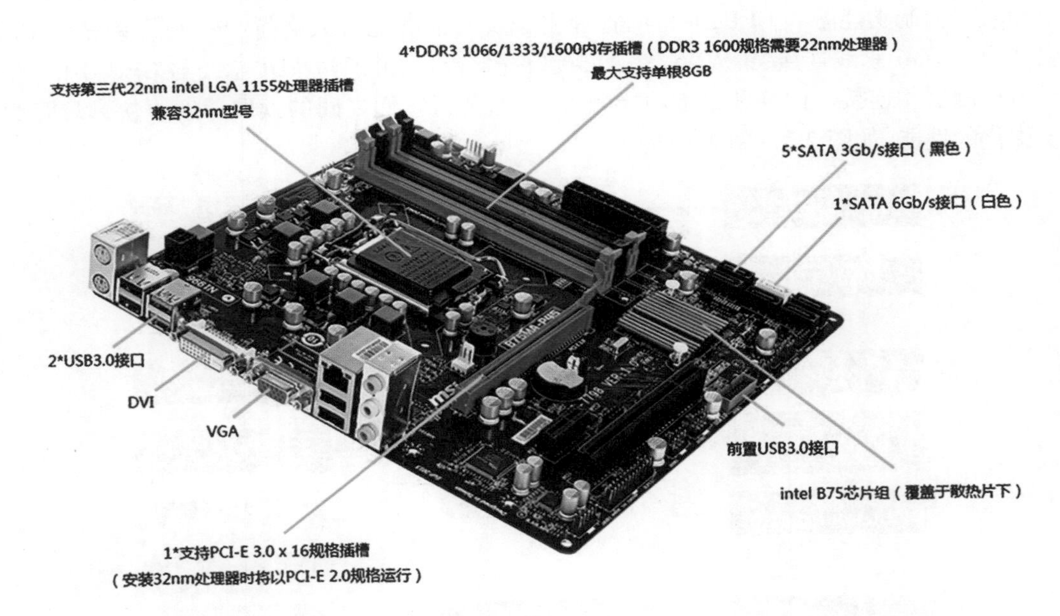
4*DDR3 1066/1333/1600内存插槽（DDR3 1600规格需要22nm处理器）
最大支持单根8GB
支持第三代22nm intel LGA 1155处理器插槽
兼容32nm型号
5*SATA 3Gb/s接口（黑色）
1*SATA 6Gb/s接口（白色）
2*USB3.0接口
DVI
VGA
前置USB3.0接口
intel B75芯片组（覆盖于散热片下）
1*支持PCI-E 3.0 x 16规格插槽
（安装32nm处理器时将以PCI-E 2.0规格运行）

图 2.5

第二节　芯片组

主板的芯片组厂商为 Intel 和 AMD。

1.Intel 芯片组

目前 Intel 主流的芯片组为 6,7,8 系列,如图 2.6,图 2.7 所示,其技术参数见表 2.1。

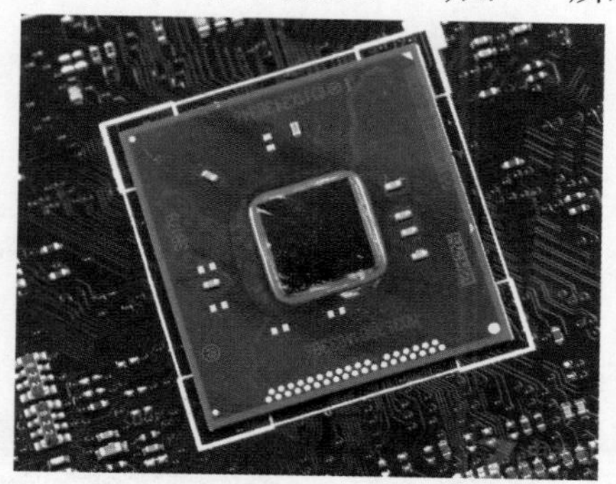

图 2.6

图 2.7

表 2.1

台式机芯片组	类　别	最大散热设计功耗(TDP)	无卤素	USB 端口	PCIe* 2.0 端口	SATA 端口
英特尔® H87 芯片组	主流	4.1 W	是	14(6 个 USB 3.0)	8 个	6 个 SATA Gbps(最多达 6 个 SATA 6 Gbps)
英特尔® H77 高速芯片组	主流	6.7 W	是			
英特尔® H67 高速芯片组	主流	6.1 W	是			
英特尔® P67 高速芯片组	主流	6.1 W	是			

续表

台式机芯片组	类别	最大散热设计功耗（TDP）	无卤素	USB 端口	PCIe* 2.0 端口	SATA 端口
英特尔® Q67 高速芯片组	主流	6.1 W	是			
英特尔® B65 高速芯片组	主流	6.1 W	是			
英特尔® Q65 高速芯片组	主流	6.1 W	是			

2.AMD 芯片组

目前 AMD 主流的芯片组为 8 系列，如图 2.8 所示。

图 2.8

AMD 8 系列芯片组特性对照表见表 2.2。

表 2.2

Feature Name	870	880 G	890 GX	890 FX
PCI Express® Generation 2.0	1×16	1×16	1×16 or 2×8	2×16 or 4×8
ATI CrossFireX™ Technology			Yes	Yes
Microsoft® DirectX© 10.1		Yes	Yes	
Unified Video Decoder(UVD)[2]		Yes	Yes	
ATI Stream Technology		Yes	Yes	
ATI Powerplay		Yes	Yes	
Gigabit Ethernet	Yes	Yes	Yes	Yes
SATA 6 Gb/s	Yes	Available	Yes	Yes

第三节　图形处理器 GPU

GPU(Graphic Processing Unit),中文为“图形处理器”。GPU 是相对于 CPU 的一个概念,在现代的计算机中(特别是家用系统、游戏的发烧友)对于图形的处理变得越来越重要,所以需要一个专门处理图形的核心处理器。

目前 GPU 厂商主要有 NVIDIA、AMD 和 Intel 3 家。

1.NVIDIA

NVIDIA 是现今最大的独立显卡生产销售商,其显卡包括大家熟悉的 GnVidiaeforce 系列,比如 GF9800GTX、GTX260、GF8600GT 等,还有专业的 Quadro 系列等,如图 2.9 所示。

图 2.9

2.AMD

AMD 是世界上第二大的独立显卡生产销售商,其前身为 ATI,如图 2.10 所示。

图 2.10

3.Intel

Intel 不但是世界上最大的 CPU 生产销售商,也是世界上最大的 GPU 生产销售商。Intel 的 GPU 完全是集成显卡,用于 Intel 的主板和 Intel 的笔记本,如图 2.11 所示。

图 2.11

第四节 集成电路芯片

1.超级输入输出芯片 SIO

超级输入输出芯片 SIO:用来控制 PS/2 键鼠、COM 口、打印机接口等,如图 2.12 所示。

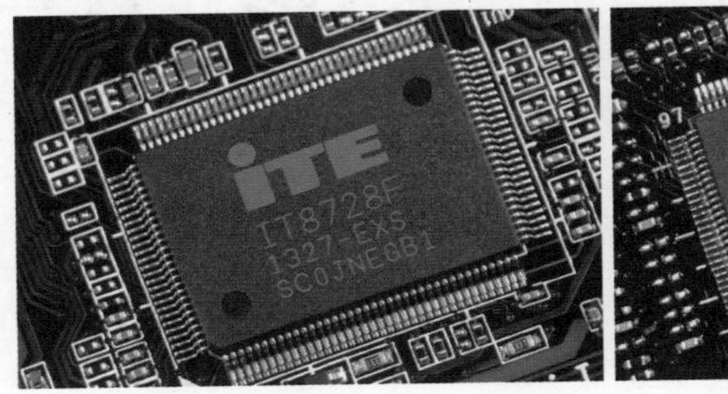

图 2.12

2.集成网卡

集成网卡:控制有线网络数据传输。一般在网卡芯片附近都有一颗 25 MHz 的晶振,如图 2.13 所示。

图 2.13

3.声卡

声卡:音频数模转换器,如图 2.14 所示。

图 2.14

4.电源管理芯片

电源管理芯片如图 2.15 所示。

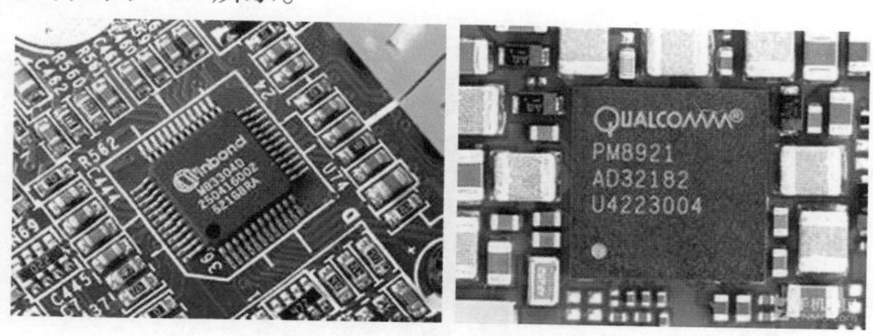

图 2.15

5.VCORE 芯片

VCORE 芯片:用于将直流转换成 CPU 使用的核心供电 VCORE,如图 2.16 所示。

图 2.16

6.比较器

比较器如图 2.17 所示。

图 2.17

7.BIOS

BIOS:基本输入输出系统,主板的灵魂,如图 2.18 所示。

图 2.18

8.显存芯片

显存芯片如图 2.19 所示。

图 2.19

第五节 电子元器件

1.电阻

电阻:是一个限流组件,将电阻接在电路中后,电阻器的阻值是固定的,一般为两个引脚,其可限制通过它所连支路的电流大小,如图 2.20 所示。

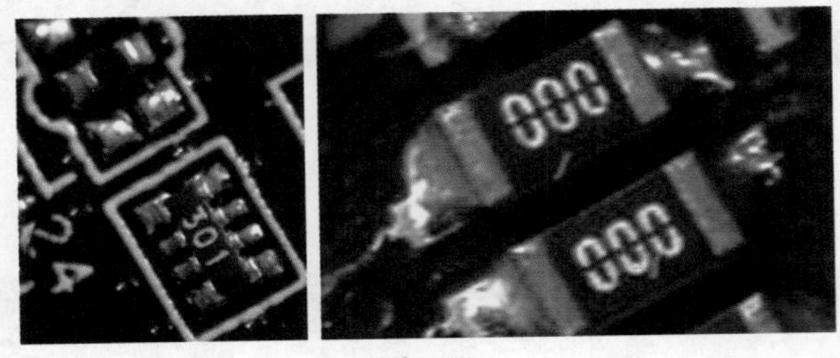

图 2.20

2.电容

电容:是表现电容器容纳电荷本领的物理量,如图 2.21 所示。

图 2.21

3.电感

电感:是能够将电能转化为磁能而存储起来的组件,如图 2.22 所示。

图 2.22

4.保险丝

保险丝:会在电流异常升高到一定的高度和热度时,自身熔断切断电流,从而起到保护电路安全运行的作用,如图 2.23 所示。

5.二极管

二极管:又称晶体二极管,简称二极管(diode),另外,还有早期的真空电子二极管;它是一种能够单向传导电流的电子器件,如图 2.24 所示。

图 2.23

图 2.24

6.三极管

三极管:全称应为半导体三极管,也称双极型晶体管、晶体三极管,是一种电流控制电流的半导体器件。其作用是将微弱信号放大成辐值较大的电信号,也用作无触点开关。晶体三极管,是半导体基本元器件之一,具有电流放大作用,是电子电路的核心组件,如图 2.25 所示。

图 2.25

7.MOS 管

MOS 管:MOS 管是金属(metal)—氧化物(oxid)—半导体(semiconductor)场效应晶体管,或者称为金属—绝缘体(insulator)—半导体。MOS 管的 source 和 drain 是可以对调的,它们都是在 P 型 backgate 中形成的 N 型区。在多数情况下,这两个区是一样的,即使两端对调也不会影响器件的性能,如图 2.26 所示。

图 2.26

8.晶振

晶振:是指从一块石英晶体上按一定方位角切下薄片,而在封装内部添加 IC 组成振荡电路的晶体组件。其产品一般用金属外壳封装,也有用玻璃壳、陶瓷或塑料封装的,如图 2.27 所示。

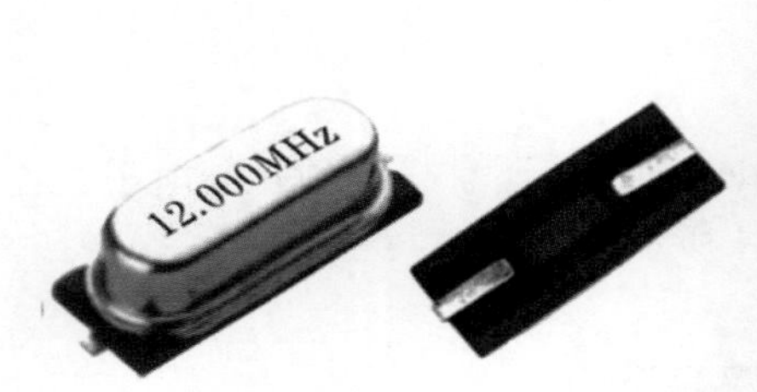

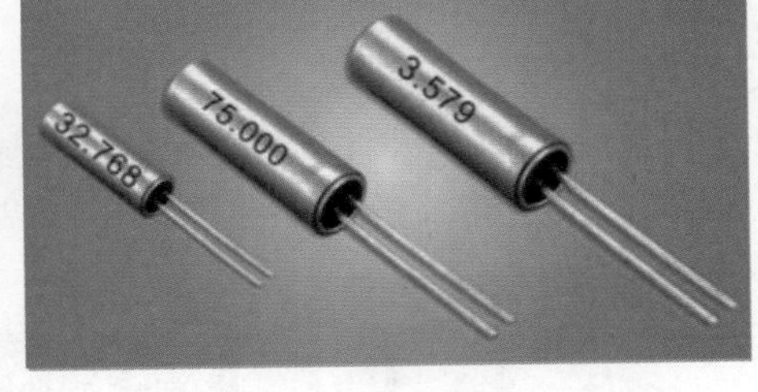

图 2.27

9.电池

电池:关机断电后为主板的 CMOS 电路和晶振提供持续电压,如图 2.28 所示。

图 2.28

第六节　笔记本组件

1.键盘

键盘如图 2.29 所示。

图 2.29

2.屏

屏如图 2.30 所示。

图 2.30

3.屏线

屏线如图 2.31 所示。

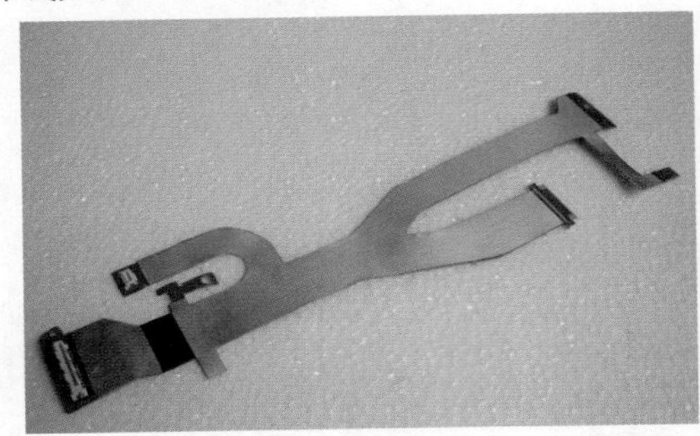

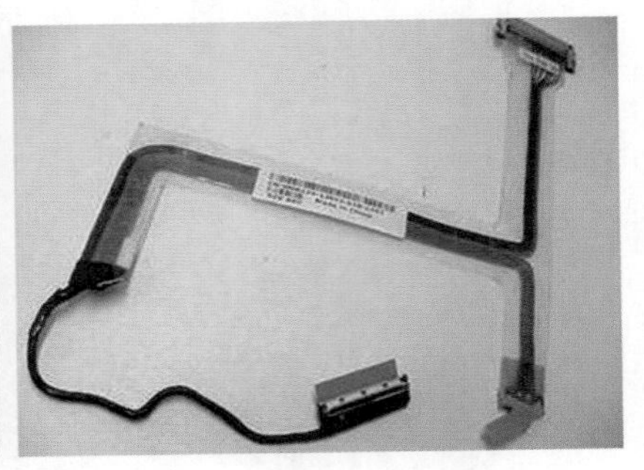

图 2.31

4.触摸板

触摸板如图 2.32 所示。

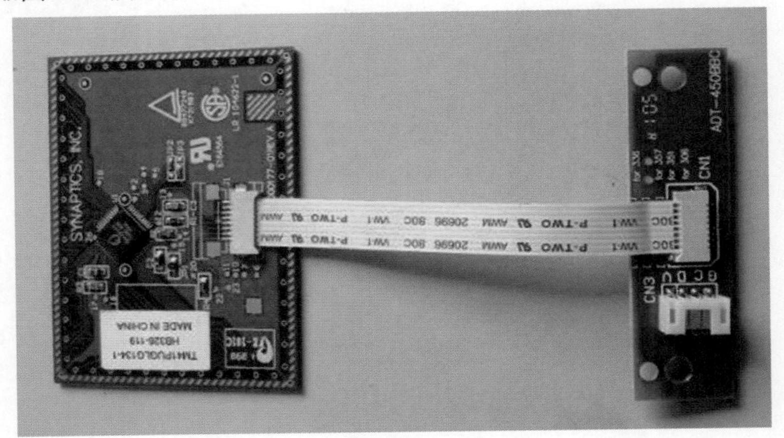

图 2.32

5.无线网卡

无线网卡如图 2.33 所示。

图 2.33

6.电池

电池如图 2.34 所示。

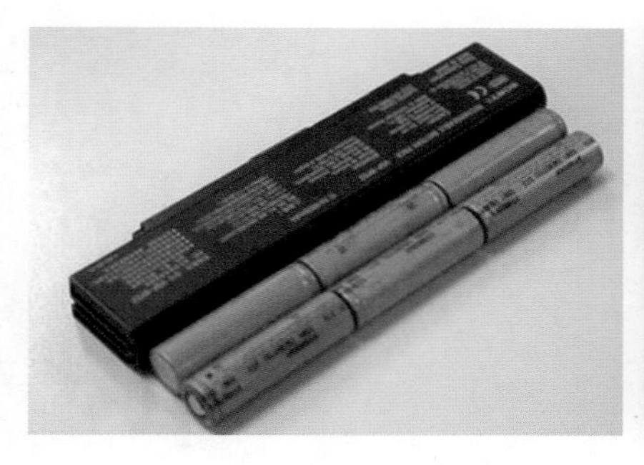

图 2.34

7.外设转接板蓝牙模块

外设转接板蓝牙模块如图 2.35 所示。

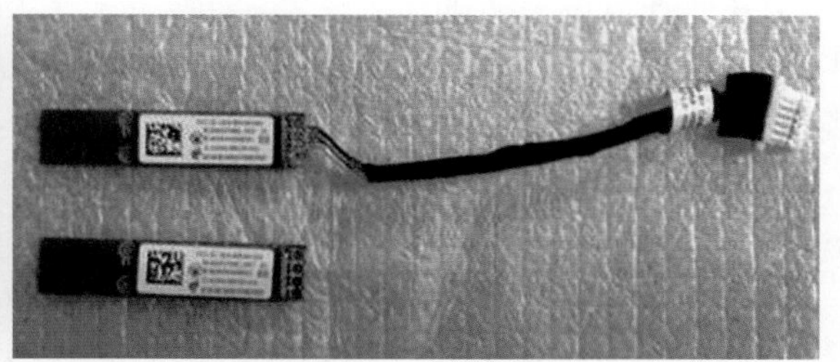

图 2.35

8.按键板

按键板如图 2.36 所示。

图 2.36

9.笔记本散热模组

笔记本散热模组如图 2.37 所示。

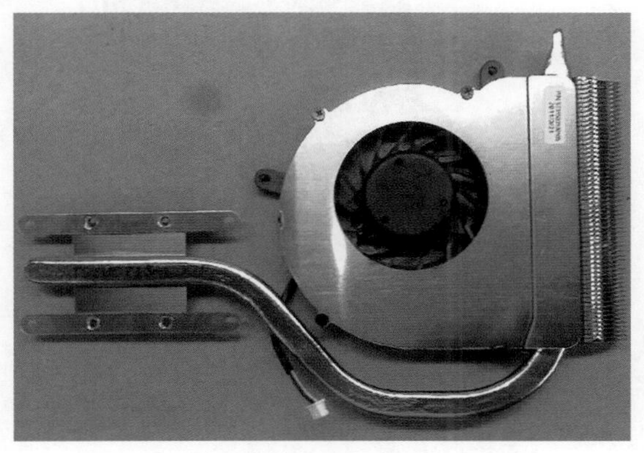

图 2.37

第三章　电脑故障排查的基本思路

教学目标：

1.熟悉电脑的基本结构。

2.掌握常见故障的排查流程。

3.学会养成良好的使用习惯。

第一节　笔记本电脑基本结构

电脑主要由硬件和软件两部分组成，其中硬件可分为机壳内设备和周边设备（如键鼠、打印机）。

1.电脑硬件

了解硬件基本知识有助于故障排查，但是在规格或硬件参数方面则不用耗费太多时间，知道基本概念即可。这样在后续的学习中，能在脑海中形成组件形象，对加深理解更有帮助。

（1）笔记本电脑正视图

笔记本电脑正视图如图 3.1 所示。

图 3.1

（2）笔记本电脑前视图

笔记本电脑前视图如图 3.2 所示。

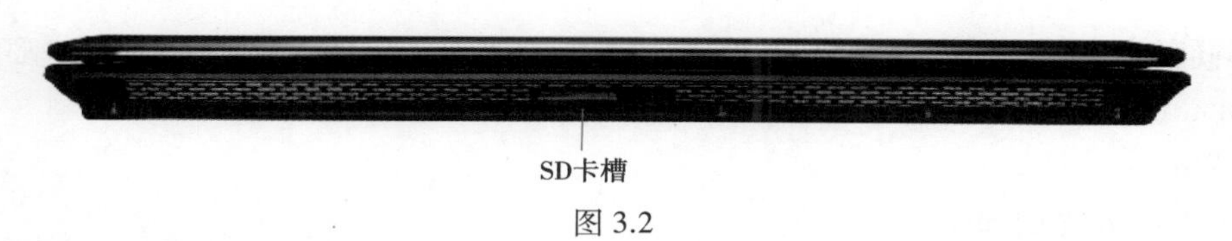

图 3.2

(3)笔记本电脑后视图

笔记本电脑后视图如图 3.3 所示。

图 3.3

(4)笔记本电脑左视图

笔记本电脑左视图如图 3.4 所示。

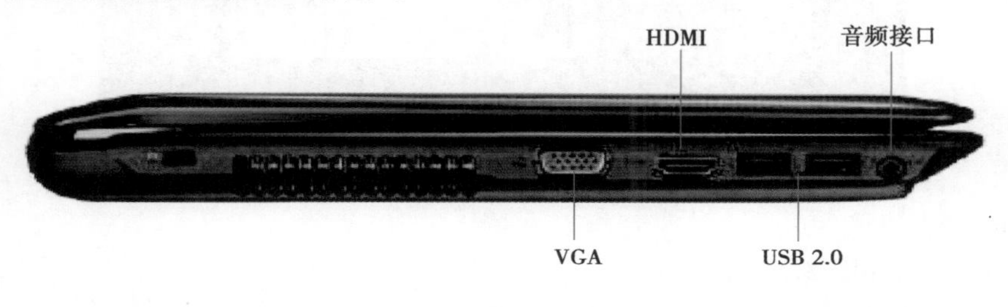

图 3.4

(5)笔记本电脑右视图

笔记本电脑右视图如图 3.5 所示。

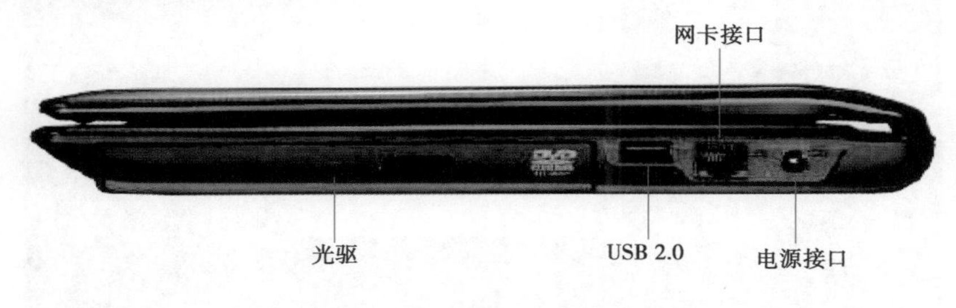

图 3.5

笔记本电脑硬件知识详见笔记本组件章节。

2.电脑软件

软件虽然有很多种,但大体可划分为操作系统和应用软件两大类。操作系统是管理电脑软件和硬件资源的程序集合,负责管理内存分配、CPU 使用顺序等资源。

(1)操作系统

操作系统是电脑资源的管理者,同时也是人与电脑交流的平台。使用者通过操作系统提供的软件环境操控各种应用程序与硬件,这个软件环境通常称为用户接口(User Interface,UI)。

不同种类和版本的操作系统，其使用接口不同，在个人电脑上使用的操作系统有 Windows、Mac OS、LINUX 等。

- Windows 8

Windows 8 界面如图 3.6 所示。

图 3.6

- Mac OS

Mac OS 界面如图 3.7 所示。

图 3.7

- LINUX

LINUX 界面如图 3.8 所示。

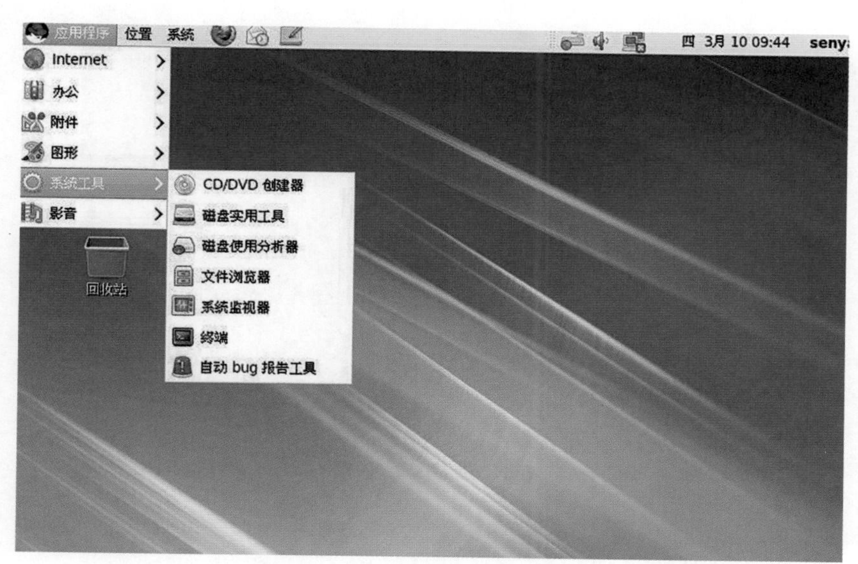

图 3.8

(2)应用程序

办公软件、影音播放软件、图像设计软件、游戏、杀毒软件和浏览器等,可以帮助使用者完成各种工作或达到休闲目的的软件,人们称之为应用程序。

(3)网页浏览器

网页浏览器界面如图 3.9 所示。

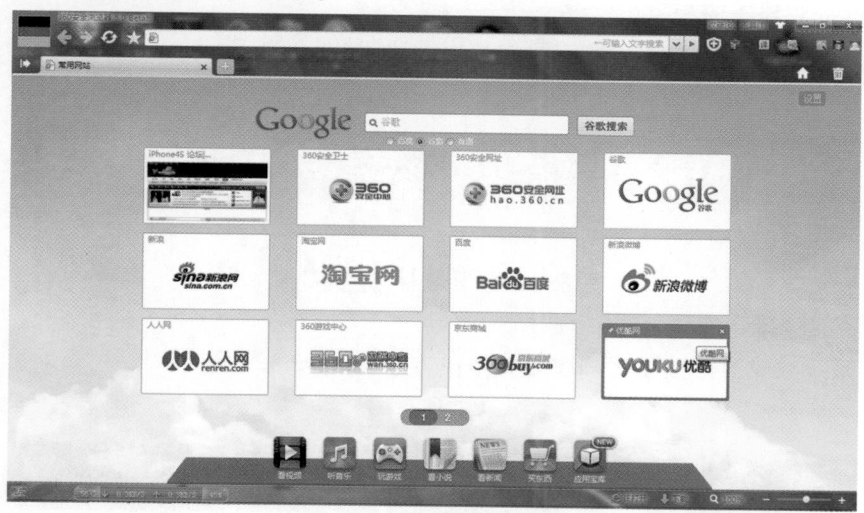

图 3.9

(4)杀毒软件

杀毒软件界面如图 3.10 所示。

图 3.10

第二节　常见故障排查流程

在电脑上遇到的各种故障问题其实是有规律可循的，透过分析归纳，可以透过流程检查方式找出故障原因并排除。

1.硬件故障排查流程

发生硬件故障时可按下述顺序寻找解决方法，如图 3.11 所示。

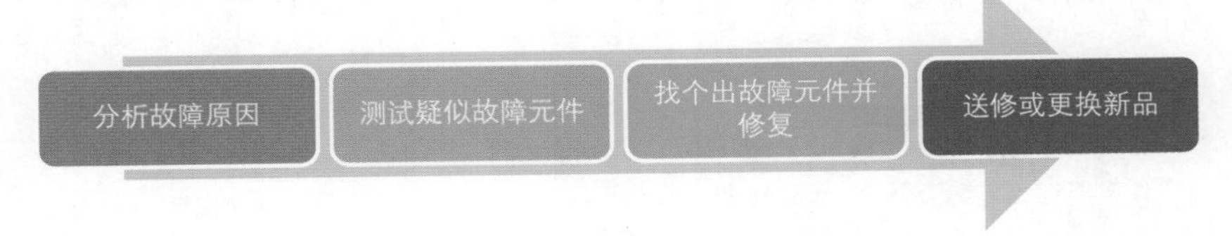

图 3.11

2.系统故障排查流程

发生系统故障时可按下述顺序寻找解决方法，如图 3.12 所示。

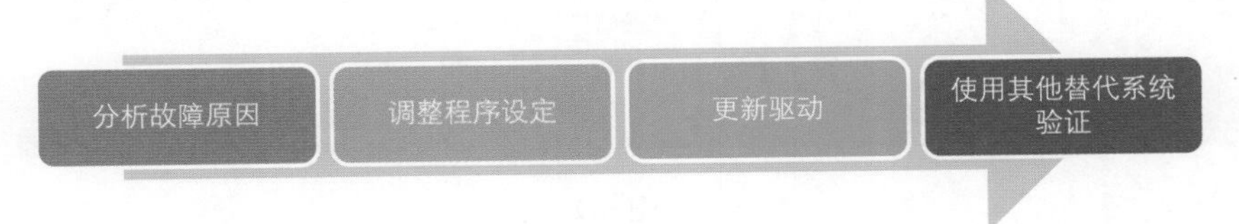

图 3.12

3.网络故障排查流程

发生网络故障时可按下述顺序寻找解决方法，如图 3.13 所示。

图 3.13

4.周边设备故障排查流程

发生周边设备故障时可按下述顺序寻找解决方法,如图 3.14 所示。

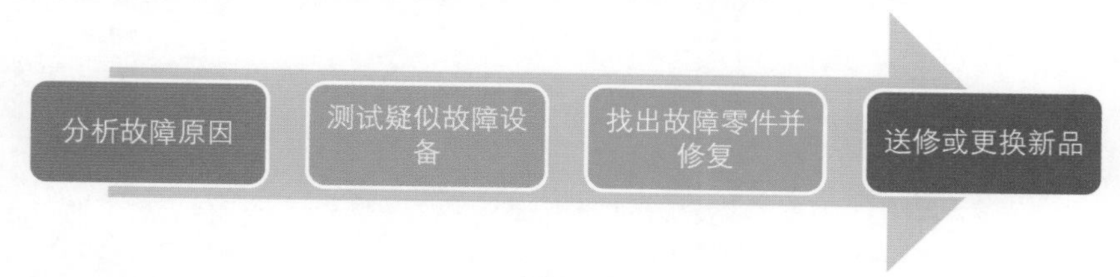

图 3.14

第三节 养成良好的使用习惯

为了让电脑可以正常工作,在使用电脑时应当了解下述基本的维护和保养知识。

1.理想的工作环境

①室内温度控制在 5~25 ℃,电脑的放置位置尽可能远离热源。

②合适的湿度,相对湿度以 30%~80%为宜。湿度太高会影响硬件性能的发挥,甚至导致一些电子组件短路;湿度太低则可能发生静电。

③注意环境清洁,当灰尘进入电脑或机壳,经长时间的堆积,容易造成光驱读取错误,并容易引起电路短路。因此,电脑在使用一段时间后应该清洁内部灰尘。

④远离电磁干扰,电脑经常放在较强的磁场中,可能造成硬盘的资料读写错误,这种强磁场的环境设置会使电脑出现一些莫名其妙的现象,如屏幕抖动。电磁干扰的环境主要有音箱设备、电动马达、大功率电器设备、备用电源。

⑤保持电路供应稳定,如果市电供应情况不佳,如电压不稳。建议使用稳压设备,如使用 UPS 不间断供电,以增加电脑稳定性并延长零件的使用寿命。

2.养成良好的习惯

①正常开机:开机的顺序是先启动外部设备,如显示器、打印机、扫描仪电源,以免外部设备启动时产生瞬间电流干扰主机工作;关机顺序与开机顺序相反,先关闭主机电源,再关闭外部设备电源。

②不要频繁地开关机,每次开关机之间的间隔时间不少于 30 s。

③定期清理电脑内部灰尘，尤其是 CPU 散热器上所积累的灰尘最容易被忽略。

④在新增、移除电脑的硬件设备时，必须关闭总电源，并且确认身体不带静电时才进行上述清洁工作。

⑤在接触电路板时，不应该直接接触电路板上的金属部分、针脚与电子组件，以免身体所带的静电在接触时放电，对这些零件造成损坏。

⑥在了解电脑组成与其故障的基本排查流程后，可以根据个人电脑所发生的问题，循序渐进地学习下面的内容。

第四章　操作系统类故障

教学目标：

1.学会“不进系统”“蓝屏死机”等故障的排查方法。

2.掌握系统安装、还原的操作步骤。

3.学会“运行慢”“温度高”“充电问题”等故障的排查方法。

第一节　不进系统

操作系统（Operating System，OS）是管理计算机硬件与软件资源的计算机程序，同时也是计算机系统的内核与基石。操作系统需要处理如管理与配置内存、决定系统资源供需的优先次序、控制输入与输出设备、操作网络与管理文件系统等基本事务。操作系统也提供一个让用户与系统交互的操作界面。操作系统的形态多样，不同机器安装的操作系统可从简单到复杂，可从手机的嵌入式系统到超级计算机的大型操作系统。本章以较为常用的 Windows 系统为例进行学习。

首先来回忆一下电脑开机流程，如图 4.1 所示。

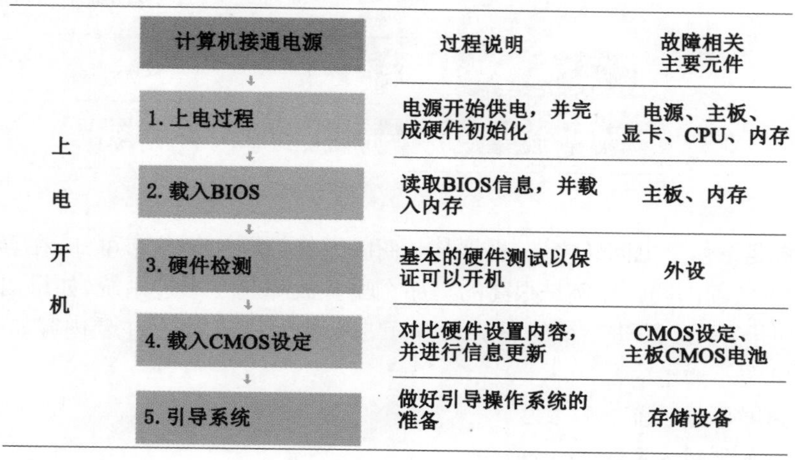

	计算机接通电源	过程说明	故障相关主要元件
上电开机	1. 上电过程	电源开始供电，并完成硬件初始化	电源、主板、显卡、CPU、内存
	2. 载入BIOS	读取BIOS信息，并载入内存	主板、内存
	3. 硬件检测	基本的硬件测试以保证可以开机	外设
	4. 载入CMOS设定	对比硬件设置内容，并进行信息更新	CMOS设定、主板CMOS电池
	5. 引导系统	做好引导操作系统的准备	存储设备

图 4.1

①打开电源，初始化，等待一小段时间使电流稳定。

②执行 BIOS 中 0FFF0h 处的代码。这里有一条 JMP 指令，跳转到真正的 BIOS 启动程

序处。

③BIOS 开始加电自检(Power-On Self Test, POST),如果出现错误,启动停止。

④BIOS 开始寻找显卡,找到的话将执行显卡的 BIOS,接着显卡初始化,将显示一段显卡信息,人们开机看到的第一屏就是它。

⑤BIOS 开始执行所有其他设备的 BIOS,包括软驱、硬盘、光驱等。

⑥BIOS 显示启动信息。BIOS 开始额外的检测。一般有内存检测,如果内存有问题,将显示错误消息。

⑦BIOS 探测所有的硬件,将显示如硬盘、光驱信息等。给出一个已知硬件的列表。

⑧BIOS 更新 ESCD(Extended System Configuration Data,扩展系统配置数据)并按照设置的驱动器顺序寻找驱动器,如果驱动器存在的话继续找 MBR,如果找不到驱动器,系统显示错误信息并停止。

⑨MBR 从分区表中找到第一个活动分区(分区描述中第一个字节为 80 H),然后读取并执行这个活动分区的分区引导记录,而分区引导记录将负责引导系统(如 Windows 7)。

表 4.1

	准备引导	过程说明	故障相关主要组件
上电开机	1. 启动文件装载	将必须的启动文件加载内存,如Boot.ini	硬件、软件
	2. 硬件检测	根据系统的硬件配置文件进行系统检测	硬盘、内存、当前硬件
	3. 核心装载	装载Windows核心即载入Windows执行体	硬盘、软件
	4. 控制集装载	读取注册表,载入驱动程式并进行硬件设置	硬盘、软件
	5. 会话管理	进程管理载入,服务项加载	硬盘、软件
	6. 登录	根据用户名称实施组策略配置文件	硬盘、软件
	7. 即插即用检测	检测外设是否更新及装载所需驱动	主板端口、外设

不进系统是维修常见问题之一,根据某厂商的返修问题比例分布可知,在客户问题返修机台中,进入系统前的问题比例是很高的。那么哪些故障属于不进系统,如果出现不进系统的现象该如何排查呢?不进系统的识别方法、问题分类及维修思路,主要内容如下所述。

①接通电源不通电。

②通电到屏幕显示前。

③从有显示到载入系统 Logo 前。

④进入系统 Logo 到进入系统。

1.接通电源不通电

1)故障现象

使用计算机时,有时会碰到计算机主机不加电的情况,即按下主机的电源开关后,主机电源的风扇不转，显示器没有任何显示。计算机不加电的原因有很多，主要都是硬件的问题，下面介绍主机不加电故障的检查与处理，以便大家在遇到这种情况时能够处理好。一般明显表现为电源指示灯不亮，风扇不转，硬盘没有转动。笔记本电脑连上适配器或电池时电源指示灯没有亮起，即说明没有通电，如图 4.2 所示。

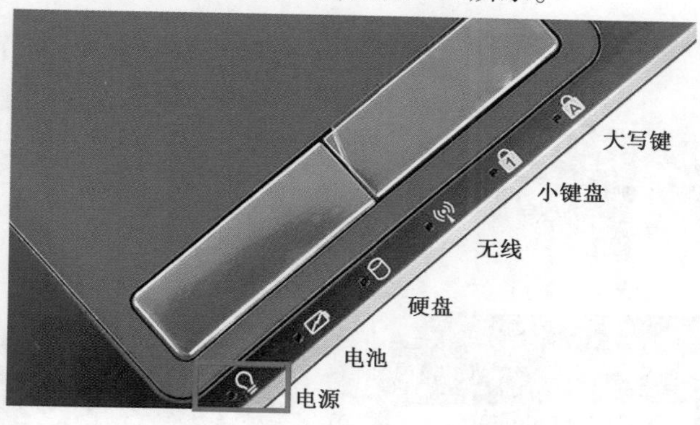

图 4.2

台式机连接电源后，机箱电源指示灯不亮也是没有通电，如图 4.3 所示。

图 4.3

2）原因分析

由加电过程可知此种现象存在以下几种可能：

①电源本身有问题。

②电池有问题。

③时钟频率控制不正常。

④CMOS 跳线错误。

⑤CPU 烧坏了。

⑥其他配件问题。

3）排查思路

（1）目视

a.昨天还使用良好的计算机今天却不好使了，不是电源插座没有电，就是接市电的插头与电源插座接触不良。这种情况主要是因用户粗心造成的，严格来说还不能算是故障，只要认真检查一下，一般都会处理好。认真检查，看台式计算机电源线是否插好，插排指示灯是否亮起，机箱电源如有 110 V 和 220 V 开关是否已拨到 220 V，24 PIN 和 4 PIN 电源线是否连接正确，前面板电源开关连线是否正确；适配器是否连接到笔记本，适配器指示灯是否亮，拆除电池看是否过电，如图 4.4、图 4.5 所示。

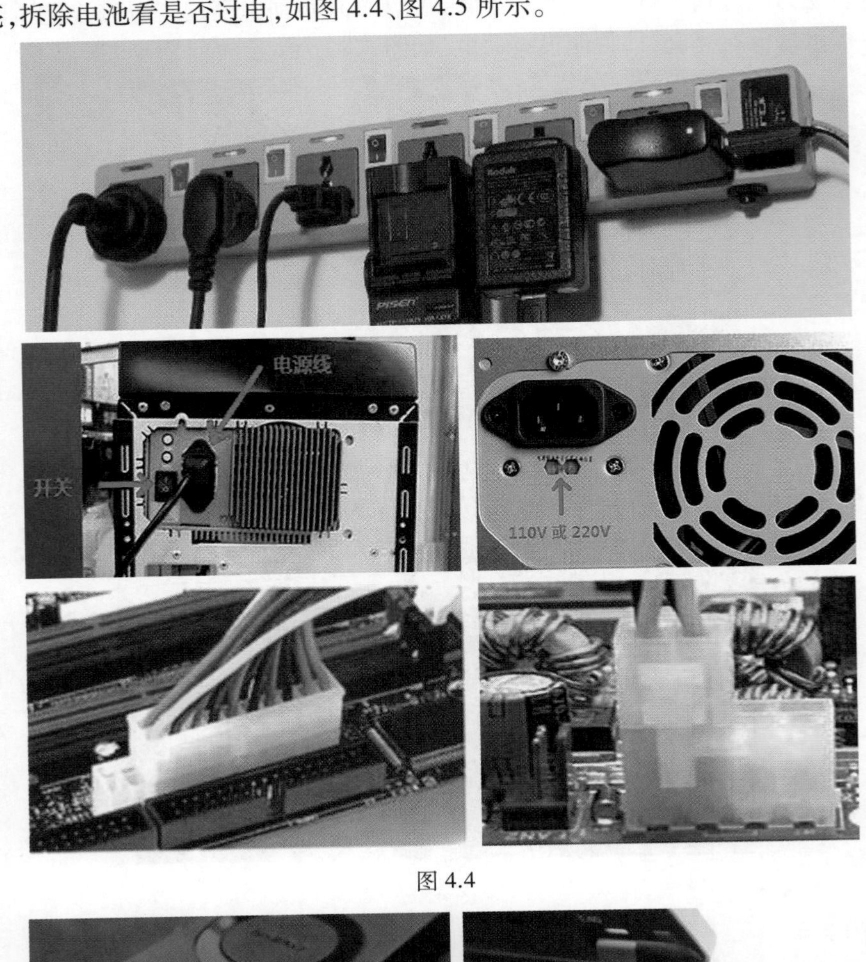

图 4.4

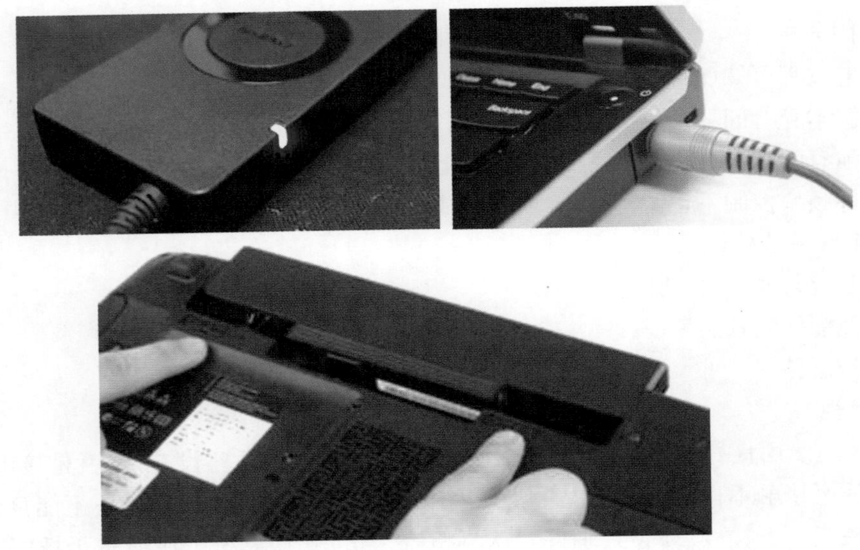

图 4.5

b.检查是否有零件烧毁或异味。如果是雷雨天或者家中断电后电脑不通电，很可能是电脑遇到雷击或市电异常波动导致硬件损坏。这时，台式机要拆开主机，查看电源和主板有无部件烧毁。

● 网卡雷击，如图 4.6 所示。

图 4.6

● 内存插槽烧毁。客户的非正规操作可能会导致硬件的损坏，从而出现不通电现象，如图 4.7 所示。

图 4.7

● 笔记本电脑看外观是否损坏或进液，是否有烧焦痕迹或异味，如图 4.8 所示。

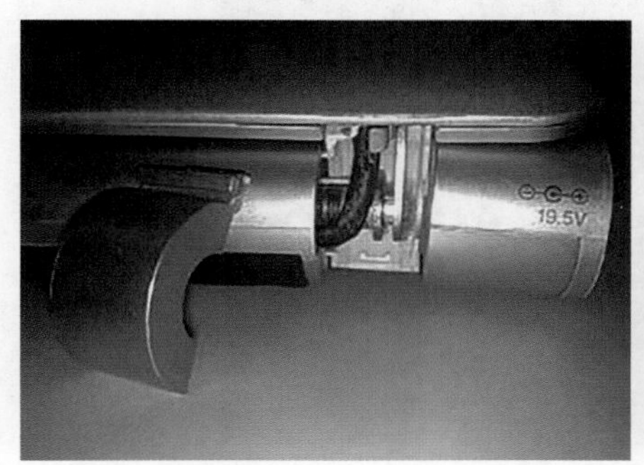

图 4.8

(2)复位

台式机:检查 RTCRST 跳线是否插反,清除 CMOS,如图 4.9 所示。

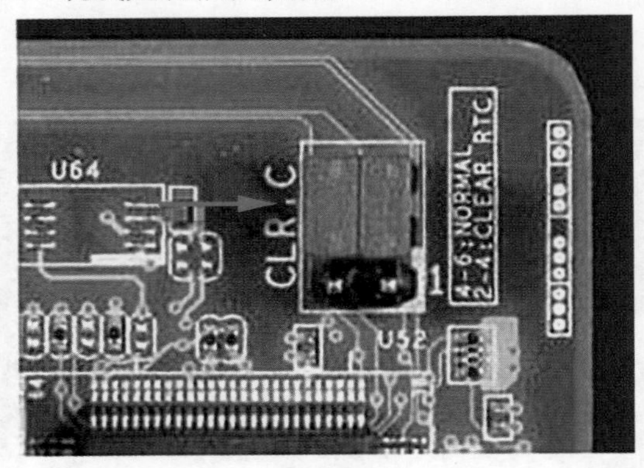

图 4.9

笔记本:清除 CMOS,移除电池和电源找到复位孔,用尖锐东西(如笔尖)插入复位孔,按压 10 s,如图 4.10 所示。

图 4.10

(3)检查电池电压

台式机:拆下纽扣电池,使用万用表直流电压挡检查 3 V,看电池是否为 2.7 V 以上电压,如图 4.11 所示。

图 4.11

2.通电到屏幕显示前

1)DEBUG 卡当代码或蜂鸣器报错

(1)故障现象

笔记本黑屏或白屏。

在前面的开机流程中,有讲到 BIOS 开始加电自检(Power-On Self Test, POST),如果出现错误,启动停止,台式机屏幕无显示。人们可以通过 PCI Debug 卡看到故障代码或通过蜂鸣器报警声音次数以及长短来粗略判断硬件的故障,如图 4.12 所示。

图 4.12

(2)原因分析

根据开机时序可知该故障与上电过程,载入 BIOS,硬件监测,载入 CMOS 设定相关。需要检查 CPU、内存、显卡、显示器以及电源的连接状况。

(3)排查思路

①目视是否连接正确,是否有零件烧毁。主机电源损坏的情况也时有发生,在判断电源是否损坏时,必须将电源与主机板的连线和所有硬盘、光驱、软驱等的电源接头都拔下来,保证电源不带任何设备,处于空载状态。只要通过电源开关就可以让电源在空载的情况下转动;如果是 ATX 电源,则必须找一根短接线,将电源与主机板连接的绿线与其中的任何一根黑线短接在一起,接上电源线,通上市电就可以让 ATX 电源空载转动。通过通电后查看电源风扇是否转动,就可以判断电源的好坏,如图 4.13 所示。

图 4.13

检查台式机主板、CPU、内存、显卡、电源是否连接好，各面板连线是否正确，是否有部件烧毁，如图 4.14 所示。

图 4.14

笔记本断开适配器和电池，重新插拔内存，如图 4.15 所示。

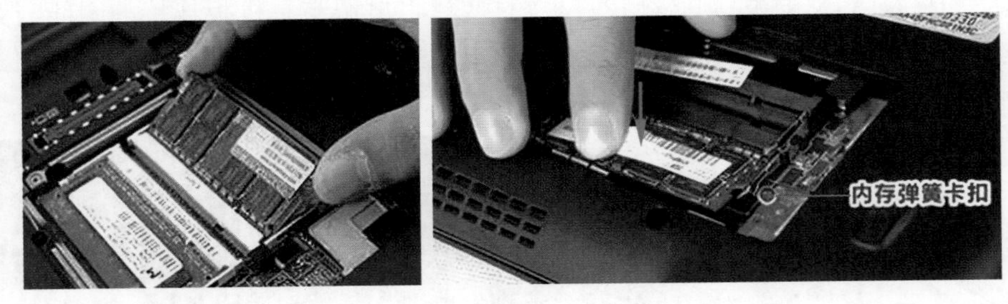

图 4.15

②备份资料，详见备份资料章节。

③移除外接设备（如打印机、U 盘、电视卡等）和光驱内光盘，最小化系统。

④清除 CMOS。

小知识:BIOS 与 CMOS 的差别

1.BIOS

BIOS 就是计算机的基本输入输出系统(Basic Input-Output System),其内容集成在计算机主板上的一个 ROM 芯片上,主要保存着有关计算机系统最重要的基本输入输出程序、系统信息设置、开机上电自检程序和系统启动自举程序等。

(1)BIOS 中断服务程序

BIOS 中断服务程序实质上是计算机系统中软件与硬件之间的一个可编程接口,主要用来在程序软件与计算机硬件之间实现衔接。例如,DOS 和 Windows 操作系统中对软盘、硬盘、光驱、键盘、显示器等外围设备的管理,都是直接建立在 BIOS 系统中断服务程序的基础上的,而且操作人员也可以通过访问 INT 5、INT 13 等中断点而直接调用 BIOS 中断服务程序。

(2)BIOS 系统设置程序

计算机部件配置记录是放在一块可读写的 CMOS RAM 芯片中的,主要保存系统基本情况、CPU 特性、软硬盘驱动器、显示器、键盘等部件的信息。在 BIOS ROM 芯片中装有"系统设置程序",主要用来设置 CMOS RAM 中的各项参数。这个程序在开机时按下某个特定键即可进入设置状态,并提供了良好的界面供操作人员使用。事实上,这个设置 CMOS 参数的过程,习惯上也将其称为"BIOS 设置"。一旦 CMOS RAM 芯片中关于计算机的配置信息不正确时,轻者会使系统整体运行性能降低、软硬盘驱动器等部件不能识别,严重时会由此引发一系统的软硬件故障。

(3)POST 上电自检

计算机接通电源后,系统首先由 POST(Power On Self Test,上电自检)程序来对内部各个设备进行检查。通常完整的 POST 自检将包括对 CPU、640 K 基本内存、1 M 以上的扩展内存、ROM、主板、CMOS 存储器、串并口、显示卡、软硬盘子系统及键盘进行测试,一旦在自检中发现问题,系统将给出提示信息或鸣笛警告。

(4)BIOS 系统启动自举程序

系统在完成 POST 自检后,ROM BIOS 就首先按照系统 CMOS 设置中保存的启动顺序搜寻软硬盘驱动器及 CD-ROM、网络服务器等有效的启动驱动器,读入操作系统引导记录,然后将系统控制权交给引导记录,并由引导记录来完成系统的顺利启动。

2.CMOS

CMOS(本意是指互补金属氧化物半导体存储器,是一种大规模应用于集成电路芯片制造的原料)是计算机主板上的一块可读写的 RAM 芯片,主要用来保存当前系统的硬件配置和操作人员对某些参数的设定。CMOSRAM 芯片由系统通过一块后备电池供电,因此无论是在关机状态中,还是遇到系统掉电情况,CMOS 信息都不会丢失。

由于 CMOS RAM 芯片本身只是一块存储器,只具有保存数据的功能,所以对 CMOS 中各项参数的设定要通过专门的程序。早期的 CMOS 设置程序驻留在软盘上(如 IBM 的 PC/AT 机型),使用很不方便。现在多数厂家将 CMOS 设置程序做到了 BIOS 芯片中,在开机时通过按下某个特定键就可进入 CMOS 设置程序而非常方便地对系统进行设置,因此这种 CMOS 设置又通常被称为 BIOS 设置。

3.何时要对 BIOS 或 CMOS 进行设置

众所周知,进行 BIOS 或 CMOS 设置是由操作人员根据计算机实际情况而人工完成的一项十分重要的系统初始化工作。在以下情况下,必须对 BIOS 或 CMOS 进行设置。

(1)新购计算机

即使带 PnP 功能的系统也只能识别一部分计算机外围设备,而对软硬盘参数、当前日期、时钟等基本资料等必须由操作人员进行设置,因此新购买的计算机必须通过进行 CMOS 参数设置来告诉系统整个计算机的基本配置情况。

(2)新增设备

由于系统不一定能认识新增的设备,所以必须通过 CMOS 设置来告诉它。另外,一旦新增设备与原有设备之间发生了 IRQ、DMA 冲突,也往往需要通过 BIOS 设置来进行排除。

(3)CMOS 数据意外丢失

在系统后备电池失效、病毒破坏了 CMOS 数据程序、意外清除了 CMOS 参数等情况下,常常会造成 CMOS 数据意外丢失。此时只能重新进入 BIOS 设置程序完成新的 CMOS 参数设置。

(4)系统优化

对于内存读写等待时间、硬盘数据传输模式、内/外 Cache 的使用、节能保护、电源管理、开机启动顺序等参数,BIOS 中预定的设置对系统而言并不一定就是最优的,此时往往需要经过多次试验,才能找到系统优化的最佳组合。

台式机:RTCRST 跳线是否插反,清除 CMOS,如图 4.16 所示。

笔记本:清除 CMOS,移除电池和电源找到复位孔(如有),用尖锐东西(如笔尖)插入复位孔,按压 10 s,如图 4.17 所示。

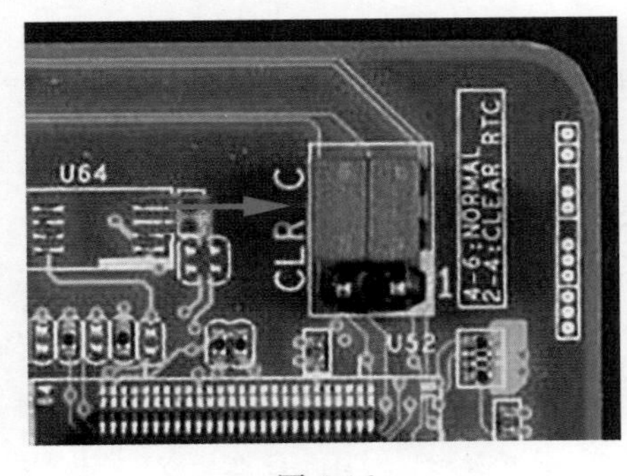

图 4.16

图 4.17

⑤重新插拔独立显卡，如图 4.18 所示。

图 4.18

⑥重新插拔 VGA/HDMI 接口。笔记本尝试使用 VGA 接口，接入外部显示器再开机看是否能够显示，如图 4.19 所示。

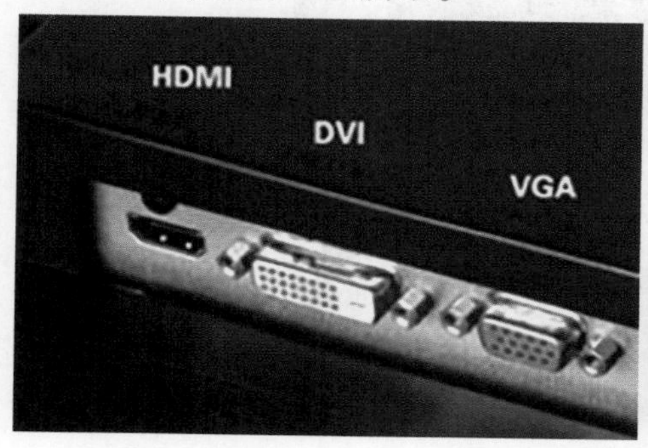

图 4.19

⑦使用编程器刷新 BIOS，如图 4.20 所示。

编程器的一般操作步骤为：

- 查看 BIOS 芯片型号，准备 BIOS 文件。
- 将 BIOS 芯片按照方向放入编程器。
- 运行编程软件，选择 BIOS 型号，打开烧入文件。
- 运行烧录。

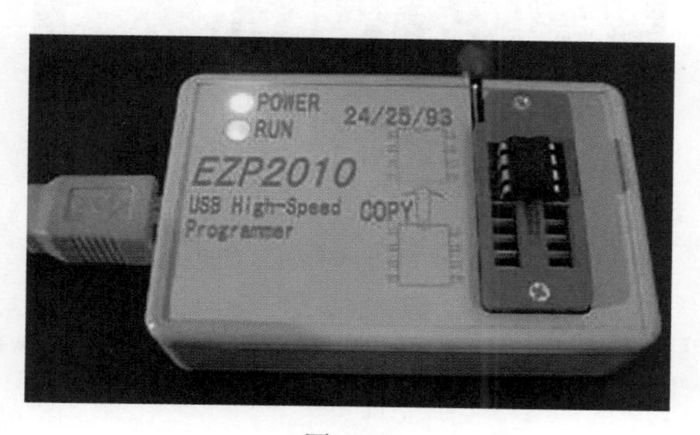

图 4.20

⑧拆除 LCD 屏，重新插拔 LCD 屏线看其是否显示，如图 4.21 所示。

图 4.21

⑨重新安装 CPU，或将 CPU 放到其他机器上做验证，如图 4.22 所示。

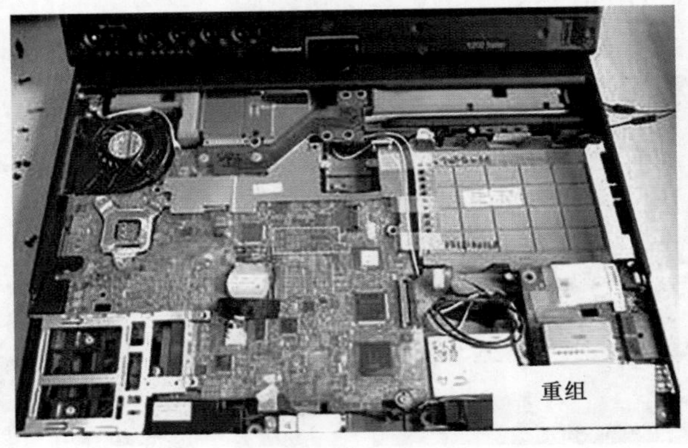

图 4.22

⑩重组主机或配件，或做更换。

2）MACBOOK 无画面

（1）故障现象

笔记本电脑在开机后无图像显示，如图 4.23 所示。

图 4.23

开机后，没有听到风扇或硬盘活动的声音，并且睡眠灯没有打开，如图 4.24 所示。

当尝试开机时,该计算机好像没有电。

(2)排查思路

①如果是在电池供电的情况下运行,请检查计算机的电池是否需要充电。按住电池上的小按钮,将看到1到4个指示灯指示电池的电量。如果仅看到一个灯闪烁,那么表明电池需充电。通过适配器供电运行计算机对电池进行充电。

图 4.24

②从电池插座和MacBook或MacBook Pro上拔下电源适配器。等待1 min。将电源适配器插回电源插座上,然后再接到MacBook或MacBook Pro上。确保电源插座可以插入其他设备(如灯)正常工作。当将电源适配器插回计算机时,电源适配器LED指示灯将显示为绿色或橘黄色。

③检查MagSafe端口中是否有碎片,如金属粘到端口的磁体上,将导致接口不能正确连接。在适配器一端,查看一下电源接口是否有灰尘或其他碎片,并查看一下接口中的针是否缺失、倾斜或粘连。

④确保正在使用的适配器是专门设计用于该计算机的。如果不确定或者需要新的适配器,请了解哪款适配器是适用于该计算机的。

⑤断开与计算机连接的包括打印机、集线器和第三方键盘或鼠标在内的所有设备,然后再次尝试开机。

⑥同时按下control+command+电源键保持3 s来尝试重新启动计算机,如图4.25所示。

图 4.25

⑦重置PRAM。重置一下Mac的PRAM和NVRAM。

• 彻底关闭计算机后连接上电源适配线。

• 开机,在显示灰屏前同时按住Commande+Option+P+R键(要按住了),直到听见3次以上启动声后松开,OK,待计算机启动后,速度就会快很多。

⑧通过卸下AC电源,卸下电池,然后按住电源键5 s来重置电源管理器。

⑨如果最近安装了附加的内存,确保内存已安装正确并且与该计算机兼容。卸下新内存以检查计算机在未添加内存的情况是否可以启动。

⑩如果在尝试上面的步骤后,仍不能启动该计算机,则需要拆机排查。

3.有显示到载入系统 LOGO 前

屏幕显示说明,自检通过显卡。之后 BIOS 还会检测外围设备如光驱、硬盘、打印机等设备。此时自检设备如有故障,BIOS 程序错误,键盘连接错误等故障会导致开机当 LOGO。具体操作请按照下面的实例进行排查。

(1)故障现象

BIOS 错误信息,未识别到硬盘,致命错误导致不能引导或自动关机,如图 4.26 所示。

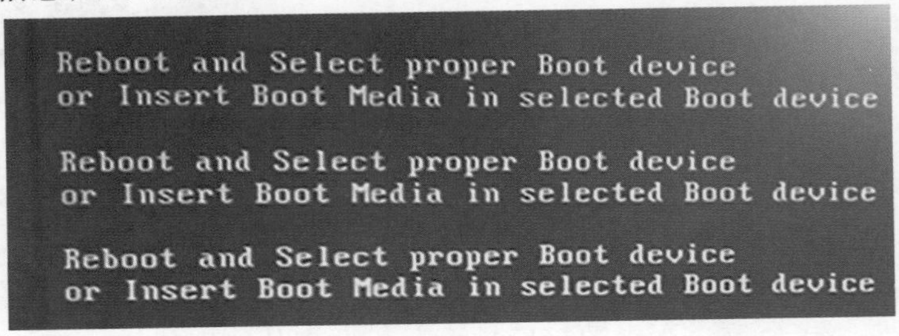

Reboot and Select proper Boot device
or Insert Boot Media in selected Boot device
Reboot and Select proper Boot device
or Insert Boot Media in selected Boot device
Reboot and Select proper Boot device
or Insert Boot Media in selected Boot device

图 4.26

(2)排查思路

①配件是否外观异常,移除配件,最小化系统。移除外接设备导致的系统不引导。

②资料备份,详见备份章节。

③清除 CMOS。断电触发 CLRTC,进行 CMOS 清除。

- 台式机:将 CLRTC 跳线反插放电,可通过机型查找官网说明书,查找 RTC 跳线位置。
- 笔记本:移除适配器和电池,触发笔记本背面的 CLRTC 孔。

④单击 Caps Lock,如图 4.27 所示,看键盘是否有反应,若有反应排除键盘故障。

Tab
Q
W
Caps Lock
A
Shift
Z
Scroll Lock
Num Lock
Caps Lock
机器运行状态

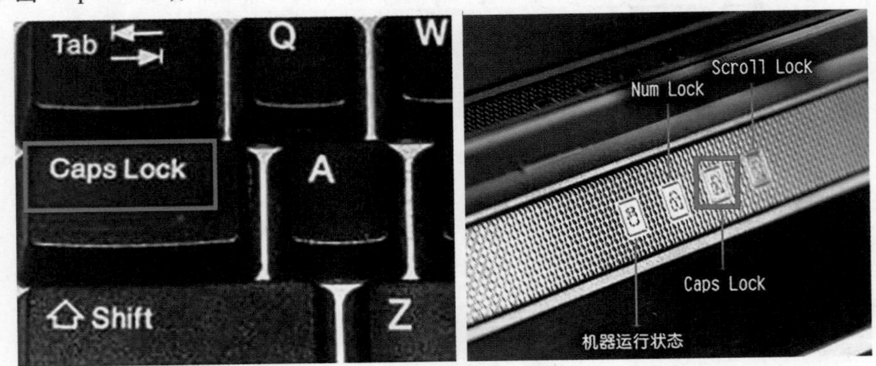

图 4.27

⑤报错信息:若提示信息错误,根据错误信息作判定查看报错信息列表,如图 4.28 所示。

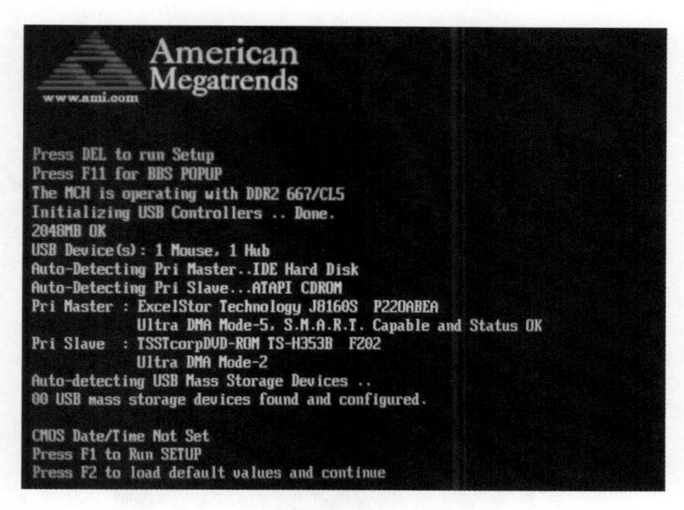

图 4.28

检查 USB 跳线,并更新 BIOS;

检查 Chassis 跳线,并清除 CMOS,更新 BIOS;

BIOS->wait for 'F1' if error->Disable。

⑥看能否进入 BIOS,开机按 Del 或 F1(依据品牌而定)看能否进入 BIOS。

查看硬盘模式是否选择正确(AHCI/IDE/RAID),主引导不能选择为 RAID,如图 4.29 所示。

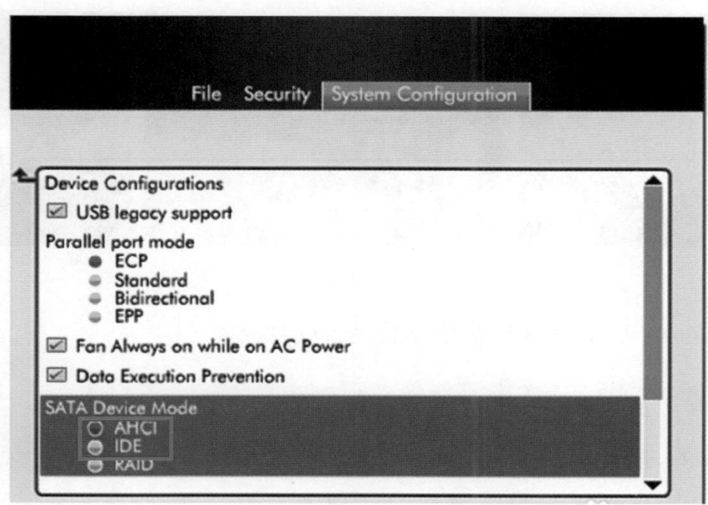

图 4.29

IDE—IDE 模式;RAID—阵列模式;ACHI—高级主机控制接口。如果用 SATA 硬盘启动,就用 IDE 模式,如果用 SATA 硬盘做阵列,就选 RAID 模式。默认为 IDE 模式。

⑦能否看到引导设备。

按 ESC 键(ASUS 笔记本)/F8(ASUS 台式机)看是否有提示引导设备,如 SATA 或 USB 硬盘,如图 4.30 所示。

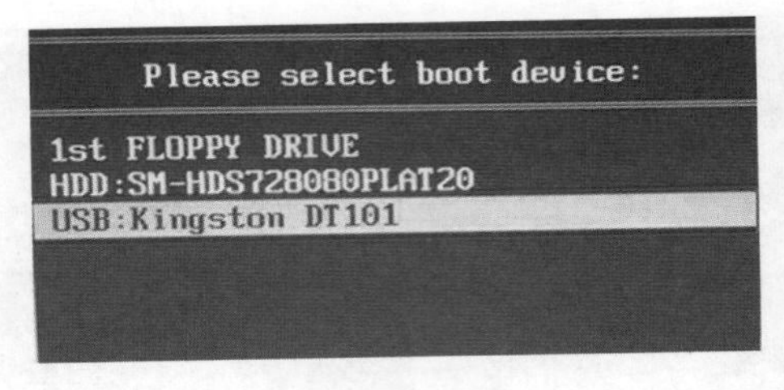

图 4.30

⑧如有光驱,尝试拆除光驱,如图 4.31 所示。

图 4.31

⑨看是否硬盘接口接触不良,重新插拔或替换硬盘作检测。

图 4.32

⑩使用 Windows 7 PE 替代硬盘检测看是否硬盘故障。

小知识:什么是 Windows PE?

Windows PreInstallation Environment(WinPE)直接从字面上翻译就是“Windows 预安装环境”,由微软在 2002 年 7 月 22 日发布,其原文解释为:“Windows 预安装环境(WinPE)是带有限服务的最小 Windows 32 子系统,基于以保护模式运行的 Windows XP Professional 内核。它包括运行 Windows 安装程序及脚本、连接网络共享、自动化基本过程以及执行硬件验证所需的最小功能。”换句话说,用户可将 WinPE 看成一个只拥有最少核心服务的 Mini 操作系统。微软推出这么一个操作系统当然是因为其拥有与众不同的系统功能,如果要用一句话来解释,个人认为与 Windows 9X/2000/XP 相比,WinPE 的主要不同点就是:它可以自定义制作自身的可启动副本,在保证用户需要的核心服务的同时保持最小的操作系统体积,同时其又是标准的 32 位视窗 API 的系统平台。

Windows 7 PE 制作方法如下：

①准备一个大于 2 G 的 U 盘，并备份好数据，避免因 U 盘在接下来的操作中被清空数据而丢失重要文件。

②下载 Windows 7 PE 工具箱 V3.0 软件，直接放在桌面，方便接下来的软件安装。

③下载所需要的系统文件，也放在桌面，方便接下来的系统文件复制。

图 4.33

④找到桌面的 Windows 7 PE 工具箱 V3.0 软件并打开。

⑤在打开软件后选择安装位置，然后单击开始安装。

图 4.34

⑥进入 Windows7 PE 工具箱 V3.0 软件安装过程，可从界面上的进度条了解安装进度。

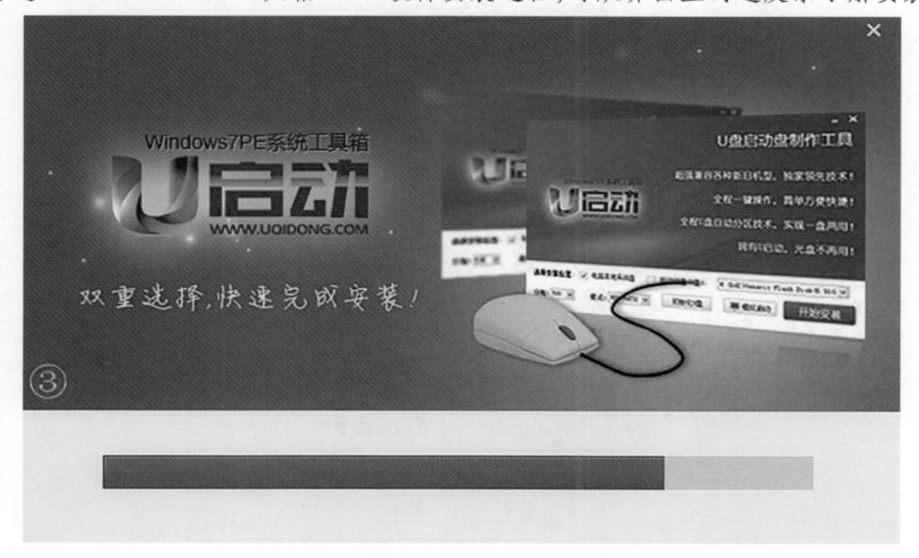

图 4.35

⑦经过等待，进度条装满，Windows7 PE 工具箱 V 3.0 软件安装成功，单击开始制作启动 Windows7 PE 工具箱。

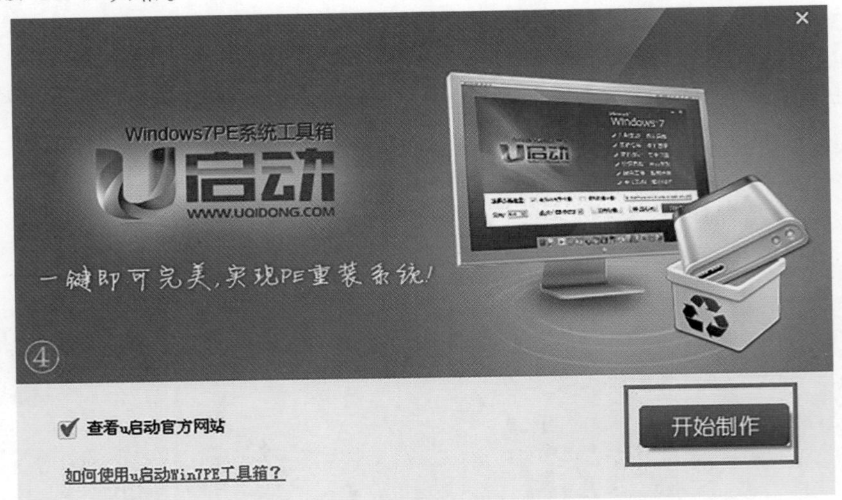

图 4.36

⑧在打开 Windows 7 PE 工具箱后，默认选择安装位置为 U 盘，然后插入准备好的 U 盘，等待程序自动识别详细信息，识别完成后单击“开始制作”。

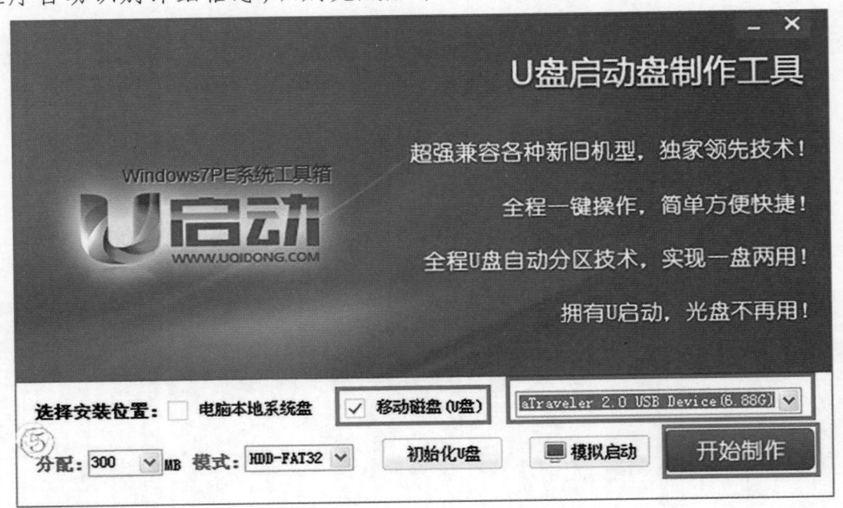

图 4.37

⑨接下来会出现警告提示窗口，本操作会删除数据，且不可恢复，所以在备份好 U 盘数据后再单击“确定”按钮。

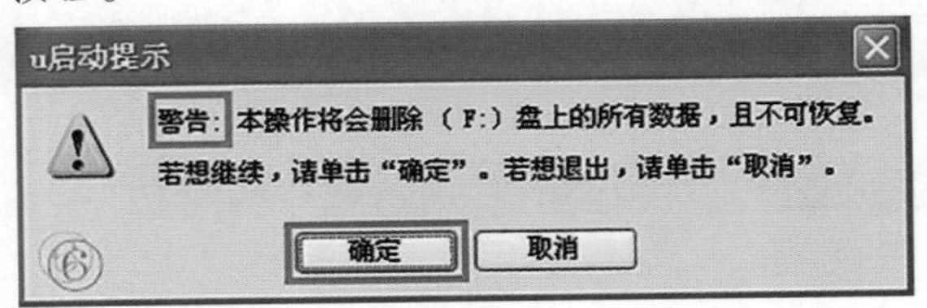

图 4.38

⑩进入制作U盘启动盘过程，耐心等待，从界面上的进度条能了解到制作的程度，全程需要1~2 min，这取决于U盘的读写速度。

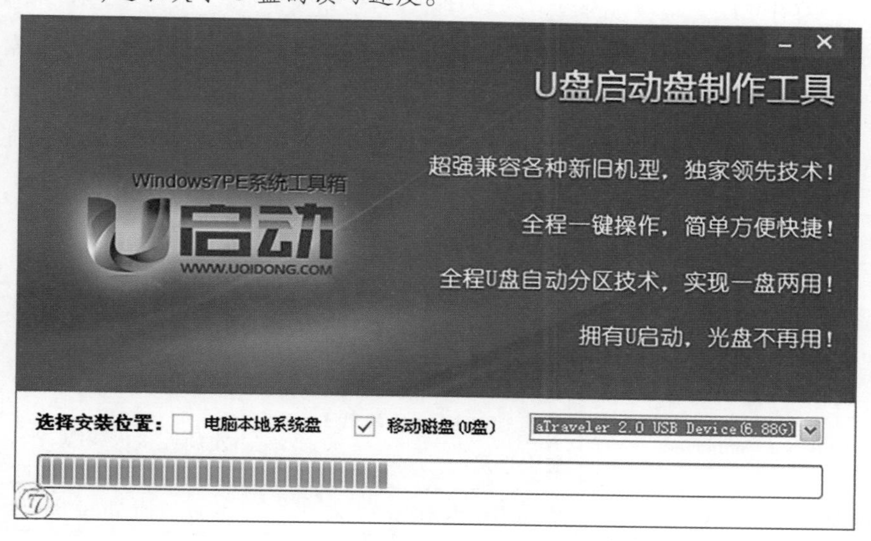

图 4.39

⑪经过耐心等待，进度条装满，出现制作USB启动盘已完成的提示，这时启动U盘就制作好了，建议单击“是”以测试模拟。

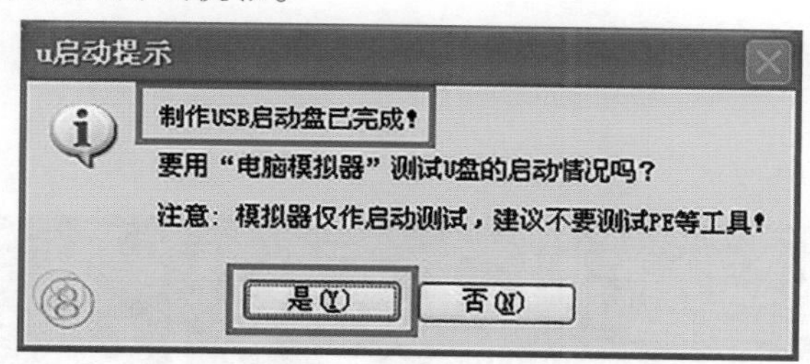

图 4.40

⑫将下载好的系统文件复制到U盘的“GHO”文件夹中，复制完成后，一个完整的启动U盘就制作好了，Windows 7 PE U盘版制作到此结束。

⑬拆机替换验证CPU、主板、内存、显卡。

4.开机报错误信息

1）HP开机报错信息

HP Compaq商用台式电脑开机后，在自检中如果发现错误，将以报错形式报告出现的问题，可能的报错信息为：

917-Front Audio Not Connected

F1 = Boot

这时按下F1键往往可以正常引导。表4.2以下是912号—1151号报错的解释。

表 4.2

报错代码	可能的原因	建议采取的措施
912-Computer Cover Has Been Removed Since Last System Startup	自上次系统启动后机箱盖被卸载过	无需采取措施，该报错仅仅是一种善意的提示
914-Hood Lock Coil is not Connected	智能机箱锁机械装置丢失或未连接	重新连接机箱锁及机箱锁的线缆
916-Power Button Not Connected	电源开关线缆失去与主板的连接	重新连接该线缆
917-Front Audio Not Connected	前置音频接口的导线与主板失去连接	重新连接该线缆
918-Front USB Not Connected	前置 USB 接口的导线与主板失去连接	重新连接该线缆
919-Multi-Bay Riser not Connected	Multi-Bay 卡未正确安装	重新拔插 Multi-Bay 卡
1151-Serial Port A Address Conflict Detected	串行接口 A 地址冲突	卸载串口扩展卡，清除 CMOS 设定后重新插入串口扩展卡

2) CHASSIS 错误信息

(1)故障现象

开机报 CHASSIS 错误。

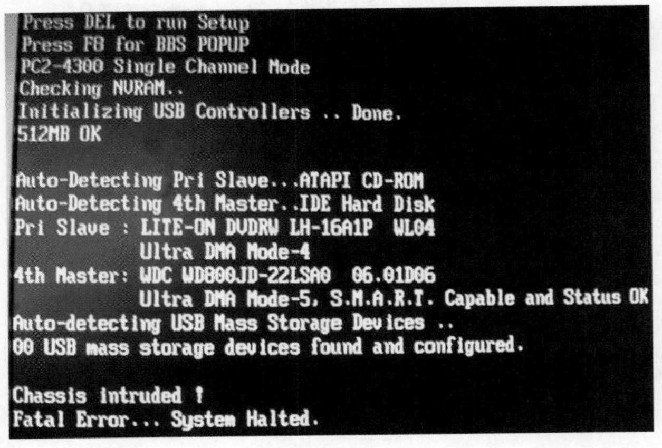

图 4.41

(2)原因分析

这里所指的开机报错是指开机时，BIOS 引导页面出现错误信息，通常可以通过按 F1 键、F2 键跳过该页面，但是每次开机均会报错。在前面已经介绍了开机的过程，这些开机错误是通过 BIOS 侦测来提示的。

(3)维修流程

①最小化系统,去除外接设备。查看笔记本适配器是否连接好,电池连接是否正确;品牌台式机查看机箱盖是否盖好,设备是否均连接正确。

②放电矫正一次,进入 BIOS 保存、重启看是否报错。笔记本,触发背面的 RTCRST# 孔;台式机将 RTCRST#跳线反插放电,如有 CHASSIS 跳线查看是否连接正确。

图 4.42

③更新 BIOS 验证。

3)通过开机自检

通过开机自检提示“ERROR LOADING OPERATING SYSTEM”信息。

(1)故障现象

开机时提示“Error loading operating system”。

图 4.43

(2)原因分析

出现这个错误信息,主要是硬盘的主引导记录(MBR)损坏,MBR 记录硬盘本身的相关信息,若受到损坏,则硬盘上的基本结构信息将会遗失。

(3)排查思路

硬盘 MBR 损坏。

小知识:什么是 MBR?

MBR,全称为 Master Boot Record,即硬盘的主引导记录。

为便于理解,一般将 MBR 分为广义和狭义两种,广义的 MBR 包含整个扇区(引导程序、分区表及分隔标识),也就是上面所说的主引导记录;而狭义的 MBR 仅指引导程序而言。

硬盘的 0 柱面、0 磁头、1 扇区称为主引导扇区(也叫主引导记录 MBR)。它由 3 个部分组成,主引导程序、硬盘分区表 DPT(Disk Partition table)和硬盘有效标志(55AA)。在总共512字节的主引导扇区里主引导程序(boot loader)占446个字节,第二部分是Partition table区(分区表),即DPT,占64个字节,硬盘中分区有多少以及每一分区的大小都记在其中。第三部分是magic number,占两个字节,固定为55AA。

MBR不属于任何一个操作系统,也不能用操作系统提供的磁盘操作命令来读取它,但可以通过命令来修改和重写,如在minix3里面,可以用命令:installboot-m/dev/c0d0/usr/mdec/masterboot来将masterboot这个小程序写到mbr里面,masterboot通常用汇编语言来编写。人们也可以用ROM-BIOS中提供的INT13H的2号功能来读出该扇区的内容,也可用软件工具Norton8.0中的DISKEDIT.EXE来读取。

人们可以使用硬盘修复工具DiskGenius进行修复。

DiskGenius下载地址:http://www.diskgenius.cn/download.asp。

用其他电脑下载DOS版DiskGenius ISO文件,将其刻录在光盘上,并用光盘启动电脑。执行"硬盘-重建主引导记录(MBR)功能",单击"是"按钮,再单击"确定"按钮完成重建MBR,重启电脑就可以引导系统了。

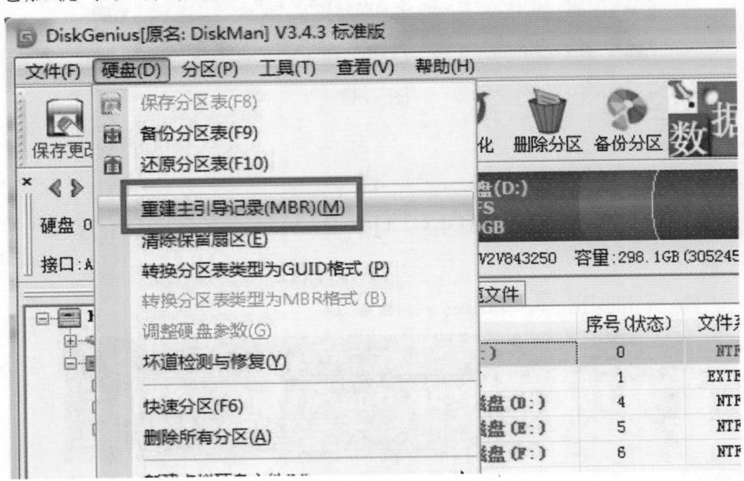

图4.44

4)开机错误信息1

开机错误信息为"BIOS ROM checksum error-system halted"。

(1)故障现象

开机时屏幕显示"BIOS ROM checksum error-system halted"错误信息,如图4.45所示。

图4.45

(2)原因分析

BIOS ROM checksum error-system halted 是 BIOS 的 checksum 出现错误。所谓的 CHECKSUM 是对 BIOS 中所有的程序资料以数字检视加总,检查是否等于正确的总和数,若不符即表示 BIOS 的资料可能损坏或丢失,因此无法开机。发生这种故障的原因是在更新 BIOS 时,没有完全更新成功,或者是主板存在硬件故障。

(3)排查思路

在编程器上更新 BIOS 程序,主板送修,如图 4.46 所示。

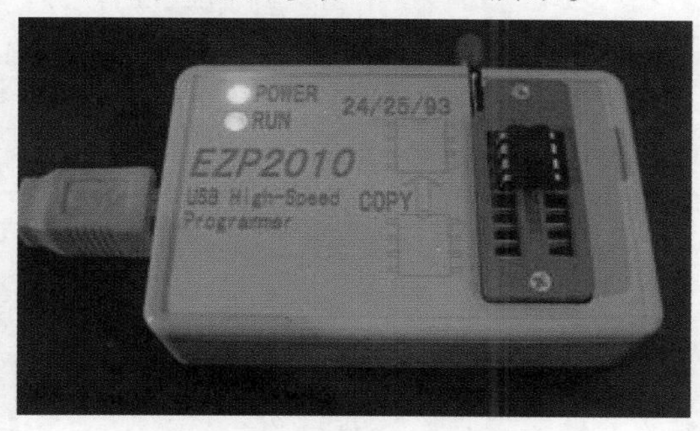

图 4.46

5)开机错误信息 2

开机错误信息为“DISK BOOT FAILURE INSERT SYSTEM DISK AND PRESS ENTER”。

(1)故障现象

开机时出现“DISK BOOT FAILURE INSERT SYSTEM DISK AND PRESS ENTER”信息,不能进入系统,如图 4.47 所示。

```
nternal LAN MAC  Address : 00-E0-4D-8B-71-0C
ardWare Monitor ...

 CPU Vcore     :      1.24V          NB/SB Voltage:      1.21V
 + 3.3 V       :      3.23V          + 5.0 V      :      4.94V
 +12.0 V       :     12.16V          VDIMM        :      1.93V
 HT Voltage    :      1.20V           5V(SB)      :      4.86V
 Voltage Bat   :      3.20V          CPU Temp     :       16°C
 CPU FAN       :   1890 RPM          System FAN   :      0 RPM

Verifying DMI Pool Data ...
K8 MPT Data Change...Update New Data to DMI!.......... Update Success
Boot from CD :
DISK BOOT FAILURE, INSERT SYSTEM DISK AND PRESS ENTER
```

图 4.47

(2)原因分析

此错误信息的意思是开机的磁盘系统遗失,要求重新插入系统光盘并按下 Enter 键确认。造成此故障的原因可能为 BIOS 设定错误,例如将第一引导设备设定为非硬盘,并且关闭了第二、三引导设备;又例如设定为光盘启动,但是光驱内无光盘,BIOS 在找不到开机文件时,会寻找第二引导设备的开机文档,以此类推。然而第二、三引导设备全部关闭,则 BIOS 会认为第二、三引导设备不存在,因此 BIOS 会显示错误信息。

其次为硬盘连线问题,例如硬盘的排线未接好或电源线接触不良。导致 BIOS 检查硬盘时无法检查到。第三种可能是操作系统启动程序损坏,BIOS 在引导操作系统启动时,找不到对应程序,导致故障发生。最后的可能原因为硬盘损坏,BIOS 无法识别损坏的硬盘而提示错误信息。

(3)排查思路

①BIOS 设定错误。

进入 BIOS 页面,进入“SETTINGS”菜单,选择“BOOT”选项并按下 Enter 键。将“1st Boot”选为“Hard Disk”,如图 4.48 所示。

图 4.48

②硬盘连线问题。

将硬盘上的 SATA 线和电源线重新插拔,确保连线正常。如果使用外接装置(转接卡等),请对外界装置故障排查,如图 4.49 所示。

图 4.49

③系统启动程序损坏。

系统启动程序损坏,即无法进入操作系统,遇到此类情况,可以使用系统光盘来修复系统。若无法修复,最后只能重新安装操作系统。

④硬盘损坏。

使用替换法检测硬盘是否故障,若硬盘故障,请更换硬盘。

6）开机错误信息 3

开机错误信息为“ERROR ENCOUNTERED INITIALIZING HARD DRIVE”。

（1）故障现象

开机时出现“ERROR ENCOUNTERED INITIALIZING HARD DRIVE”信息，电脑无法开机。

（2）原因分析

出现此故障信息，表示硬盘或光盘出现问题，若是硬盘连接线损坏也可能出现这样的提示，不过硬盘出现问题的可能性不大。

（3）排查思路

检查硬盘 SATA 线和电源线。使用替换法检测硬盘是否损坏，若硬盘损坏则更换硬盘。

7）开机错误信息 4

开机错误信息为“CMOS BATTERY FAILED/STATE LOW”。

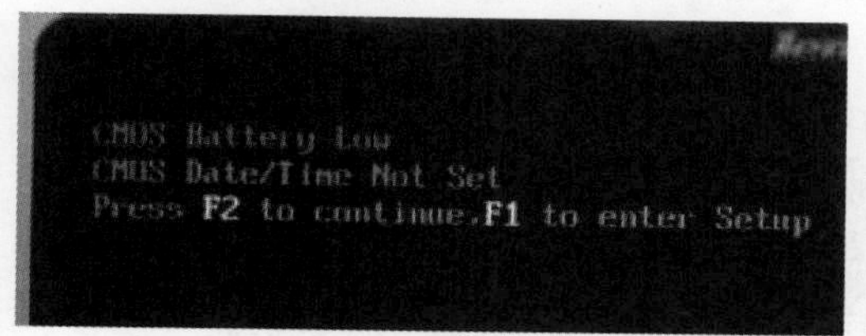

图 4.50

（1）故障现象

开机后出现“CMOS BATTERY FAILED/STATE LOW”提示信息，但可以进入操作系统，如图4.50所示。

（2）原因分析

出现此错误信息表示主板上的 CMOS 电池已经没电或者电量低，请立即更换。

（3）排查思路

①CMOS 使用纽扣电池，只要推开电池旁边的弹簧卡扣，电池即可弹起，然后更换。

②若更换后依然报错，则更换主板。

8）开机错误信息 5

开机错误信息为“CMOS checksum error-Defaults loaded”。

（1）故障现象

屏幕显示“CMOS checksum error-Defaults loaded”提示信息但可以进入系统，如图4.51所示。

（2）原因分析

此错误信息的意思是 BIOS 的 Checksum 发生错误，CMOS 信息需要重置。造成此故障的原因可能是 CMOS 电池没电导致 CMOS 资料丢失，也可能是 CMOS 故障。

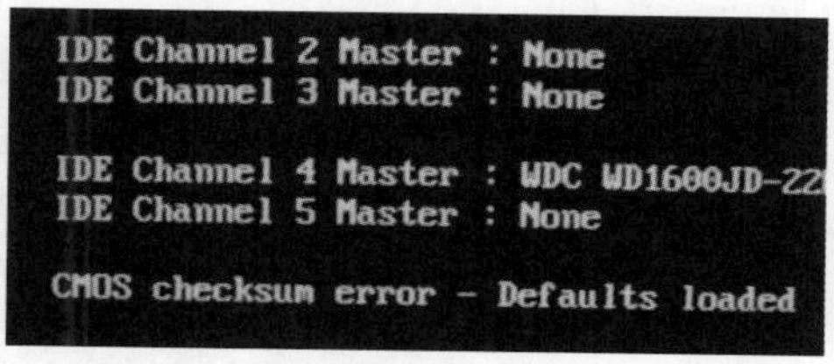

IDE Channel 2 Master : None
IDE Channel 3 Master : None
IDE Channel 4 Master : WDC WD1600JD-22
IDE Channel 5 Master : None
CMOS checksum error - Defaults loaded

图 4.51

（3）排查思路

①CMOS 资料错误。

取下 CMOS 电池等待 10 min，再将电池装回主板，这样可以初始化 CMOS 的资料。

②CMOS 电池没电。

更换电池。

③CMOS 电路硬件故障。

更换主板。

9)开机错误信息 6

开机错误信息为“Override enabled-Defaults loaded”。

(1)故障现象

开机时出现“Override enabled-Defaults loaded”,系统无法启动。

(2)原因分析

此错误信息的意思为:BIOS 目前的设定无法启动系统,需要载入预设值。造成此问题的原因可能是错误操作导致 BIOS 参数错误。

(3)排查思路

①在 BIOS 主页面,选择“Load Optimized Defaults”选项。按下 Enter 键,出现询问窗口选择“YES”。

②BIOS 硬件故障,更换主板,如图 4.52 所示。

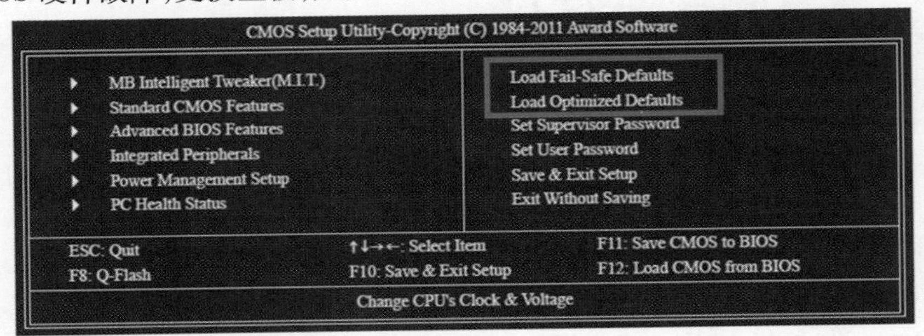

图 4.52

10)开机错误信息 7

开机错误信息为“Press F1 to Resume”。

(1)故障现象

电脑开机后,屏幕出现“Press F1 to Resume”错误信息,或者提示为“Press F1 to Continue”,如图 4.53 所示。

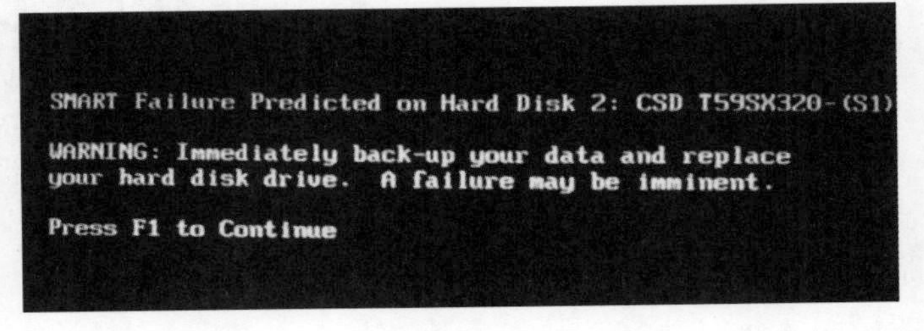

图 4.53

(2)原因分析

此错误信息表示 BIOS 设定错误,如某些 BIOS 设定项存在,却无法找到相关硬件,一般多为硬盘故障或 BIOS 设定错误;若出现的错误信息为"Keyboard error Press F1 to Resume",则为键盘故障,需要针对键盘做错误排除。其次是主板电池没电,每次开机后 BIOS 设定被重置,因此常常需要按 F1 键来确定 BIOS 的相关变更,如图 4.54 所示。

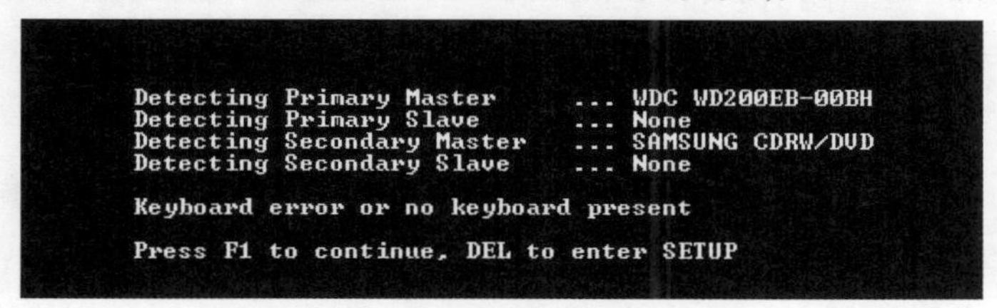

图 4.54

(3)排查思路

①硬件连接问题。

重新连接硬件的连线。或使用替代法更换硬盘,找出错误的硬盘进行更换。

②键盘问题。

检查硬盘与主板的连线是否牢固,确保接线良好,必要时可以更换键盘尝试。

③BIOS 设定问题。

可能电脑使用了 USB 外设,但 BIOS 中却没有开启 USB 设备端口。进入 BIOS 主页面,选择 SETTINGS 中的 Advanced 选项。

选择 USB Configuration 选项。

将"USB Controller""Legacy USB Support""Onboard USB 3.0 Controller"全部设定为"Enabled"。

④电池没电,更换主板电池。

11)开机错误信息 8

开机错误信息为"Press any key to restart"。

(1)故障现象

电脑开机后,屏幕出现"Press any key to restart",每次开机要按任意键才能开机,或者无法启动,如图 4.55 所示。

图 4.55

(2)原因分析

出现"Press any key to restart"错误信息,主要是硬盘分区表错误,有时软件修复硬盘后,分区表出现混乱。

(3)排查思路

出现这个问题,最好重新分割一下硬盘,然后装入系统。分割硬盘可以使用系统安装光盘,这样分割之后就顺便安装上系统。因为重新分区会破坏硬盘中的所有文件,所以建议先将硬盘装在其他电脑上,将资料备份出来再进行分割,如图 4.56 所示。

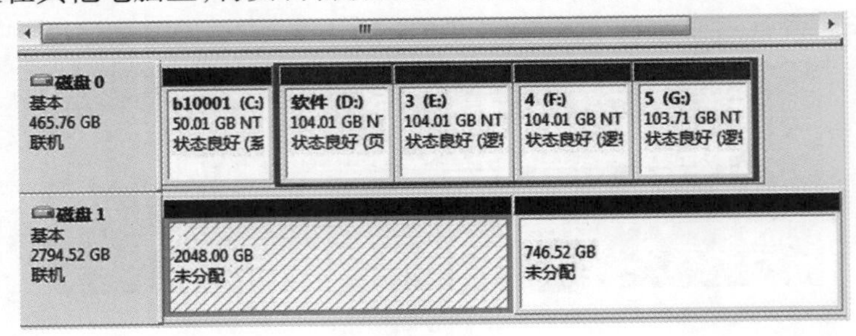

图 4.56

12)开机错误信息 9

开机错误信息为“Press F1 to Continue, DEL to enter SETUP”。

(1)故障现象

电脑开机后,屏幕出现“Press F1 to Continue, Del to enter SETUP”,每次要按下“F1”键才能正常开机,如图 4.57 所示。

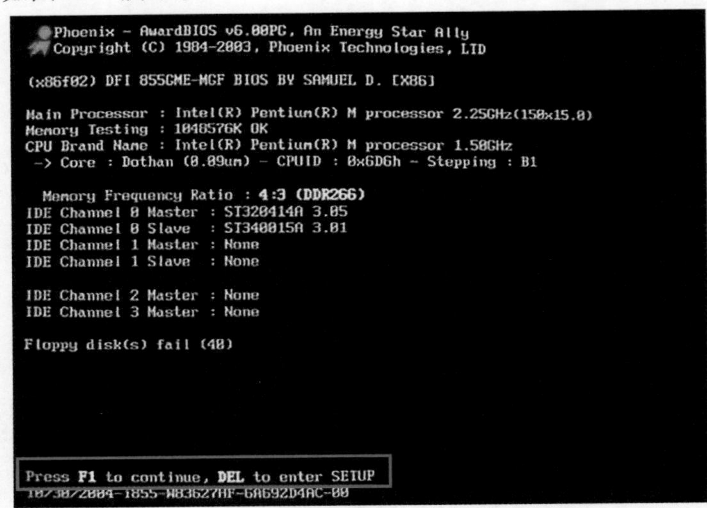

图 4.57

(2)原因分析

出现“Press F1 to Continue, DEL to enter SETUP”错误信息,首先可能为 BIOS 设定错误。例如电脑没有安装软驱,而 BIOS 却设定为先检测软驱:在 BIOS 中设定安装双硬盘,但实际上只安装了一个硬盘,其次是主板电池没电。

(3)排查思路

①BIOS 设定错误。

将 BIOS 设定为出厂预设值,这样问题即可解决。或使用 CLRTC 跳线清除 CMOS,恢复 BIOS 出厂设置。

②电池没电，更换主板电池。

13）开机错误信息 10

错误提示信息为“Memory test fail”。

（1）故障现象

开机屏幕出现“Memory test fail”错误提示，系统无法启动。

（2）原因分析

此错误为内存检测失败。造成此故障的原因可能是内存与主板不兼容；在只安装一条内存情况下，则可能是内存本身故障。

（3）排查思路

①内存接触不良。

首先取下内存，检查内存金手指是否有污垢或氧化现象，并使用橡皮擦擦拭金手指，然后重新插回插槽，也可以将内存更换到其他内存槽尝试，以防止插槽损坏导致接触不良。

②硬件兼容性。

插多条内存或混插不同品牌的内存时，请每次只插一条开机检测，如果安装一条内存时故障消失，问题应该是发生在硬件兼容性上，若只有其中某条内存插上时出现故障，则属于某条内存故障。

不同厂商生产的内存规格会有些差异，特别是时钟频率，而内存颗粒的品质等因素也会影响内存兼容性和稳定性。另外需要注意的是多条不同品牌内存避免混插在一个主板上，即便相同品牌的内存，如果频率不同也不能混插。因此在使用替换测试故障时，要分开进行测试。

14）开机错误信息 11

错误提示信息为“Primary master hard disk fail”。

（1）故障现象

开机提示“Primary master hard disk fail”。

（2）原因分析

①硬盘数据线、电源线两者至少有一个没插好。

②硬盘跳线设成从盘，而 CMOS 硬盘参数没做相应修改（仍然是主盘）。

（3）排查思路

①将硬盘插牢。

②清除 CMOS。

5.进入系统 LOGO 到进入系统

（1）故障现象

已经看到系统 LOGO 无法进入系统，或引导系统报错。此时，MBR 从分区表中找到第一个活动分区（分区描述中第一个字节为 80 H），然后读取并执行这个活动分区的分区引导记录，而分区引导记录将负责引导系统（如 Windows 7），如图 4.58 所示。

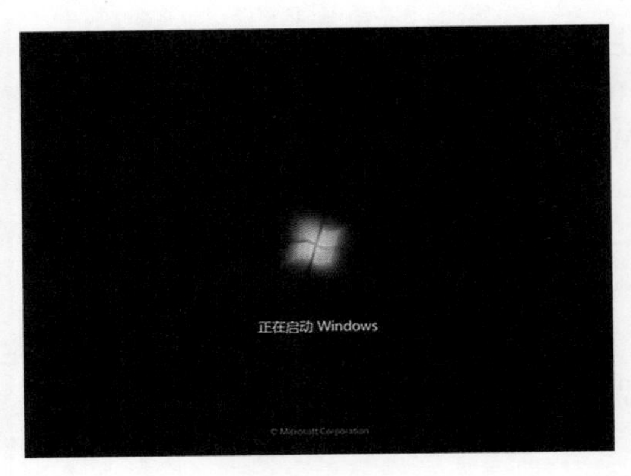

图 4.58

小知识

0xc0000225 错误表示 Windows 7 在启动过程中无法访问启动时所必须的系统文件。造成这个故障的可能原因有很多，如 Windows 系统文件遭到了恶意程序的破坏、Windows 安装更新时写入新的系统文件失败、硬盘出现错误引起 Windows 无法访问硬盘中的系统文件等。任何可能导致 Windows 7 无法正常访问启动时所需系统文件的问题均有可能引起错误代码为 0xc0000225 的启动失败故障，如图 4.59 所示。

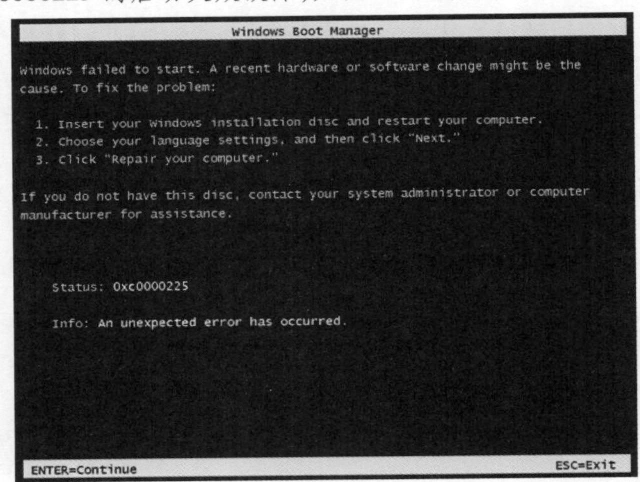

图 4.59

(2)解决方案

由于 Windows 7 遇到 0xc0000225 故障将无法正常启动，所以无法使用 Windows 7 提供的系统工具修复启动。为了应对这一问题，Windows 7 提供了可以在启动前运行的“修复计算机”工具，可以使用其修复 0xc0000225 启动故障。

①请将可以引导计算机的任何 DVD、CD 光盘从光驱中取出，将可以引导计算机的任何 USB 可移动式存储设备从 USB 接口拔下。

②重新启动计算机，然后在计算机完成启动自检、准备启动 Windows 之前按下键盘上的 F8 键。这时将看到如图 4.60 所示的 F8 高级启动菜单。

注意:如果错过了按下“F8”键的时机,将重新遇到 0xc0000225 错误提示。

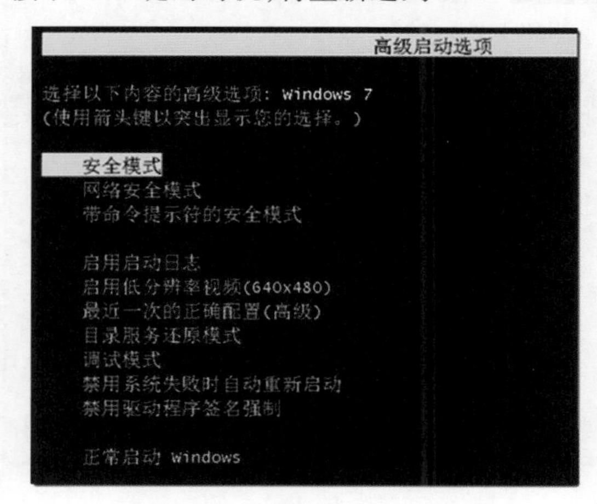

图 4.60

③在 F8 高级启动菜单中选择“修复计算机”,然后按回车键确定。

注意:如果在 F8 高级启动菜单中无法找到“修复计算机”,或者 Windows 7 遭到严重的破坏引起“修复计算机”选项无法正常使用,可以选择以 Windows 7 安装光盘启动计算机运行“修复计算机”工具,如图 4.61 所示。

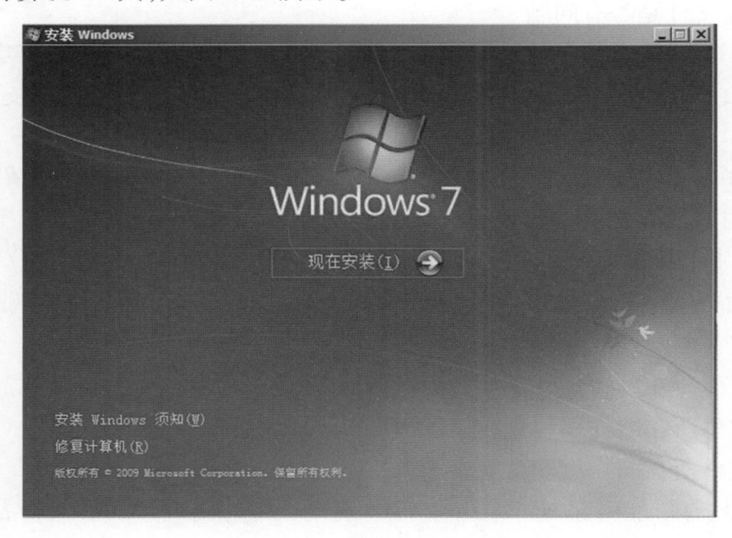

图 4.61

“修复计算机”工具提供了若干修复 Windows 7 启动问题的修复选项,如图 4.62 所示。

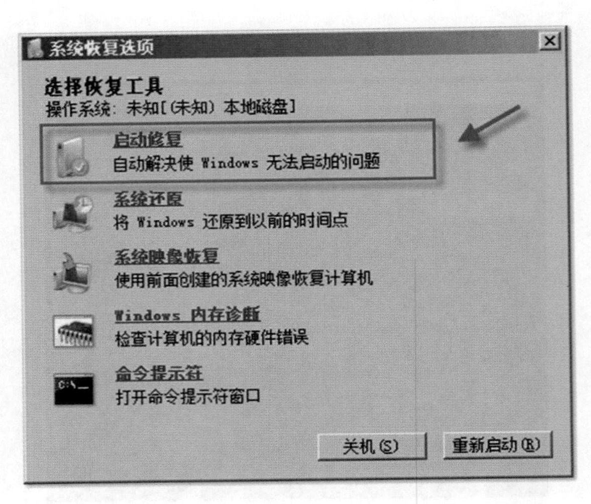

图 4.62

④使用“启动修复”工具处理。由于 Windows 系统文件损坏、注册表损坏等常见原因引起的 0xc0000225 启动失败故障，修复启动操作将自动进行。

注意：如果试图通过 Native Boot VHD 方式启动安装于 VHD 镜像文件中的 Windows 7，并遇到了 0xc0000225 故障，除了可以试图用上述常规方法修复 Windows 的启动外，还需要检查 VHD 镜像文件是否有问题。

请检查 VHD 镜像文件中的 Windows 7 系统版本。Native Boot VHD 仅支持 Windows 7 旗舰版、企业版，Windows Vista、Windows XP 等其他类型操作系统均不支持 Native Boot VHD 方式启动。

如果使用的是动态扩展类型(Dynamically Expanding)的 VHD 文件，请不要将动态扩展 VHD 文件的容量最大值设置为超过 VHD 文件所在的物理硬盘的可用空间，否则将引起 0xc0000225 启动失败故障。尽量选择固定大小(Fixed Size)类型的 VHD 文件。

请检查使用的 VHD 文件是否存在下述情况：

◆VHD 文件本身残缺受损。

◆VHD 文件所在的物理硬盘存在磁盘错误。

◆VHD 文件所在的物理硬盘应用了 NTFS 压缩或加密。

◆VHD 文件所在的物理硬盘应用了 RAID。

这些情况均有可能引起 Native Boot VHD 启动失败并出现 0xc0000225 故障。

(3)排查思路

①资料备份，详见备份章节。

②开机按“F8”键看能否进入安全模式或最后一次正确配置，删除不必要的软件，尝试在安全模式进行全盘杀毒。如果不能进入安全模式，需使用安装光盘进行恢复。

③进入 BIOS，屏蔽外设。例如：声卡、网卡、PCI-E 等设备，看是否能进入系统。如能进入系统，说明问题来源于板载外设，验证 BIOS 后若问题相同，则需更换主板，如图 4.63 所示。

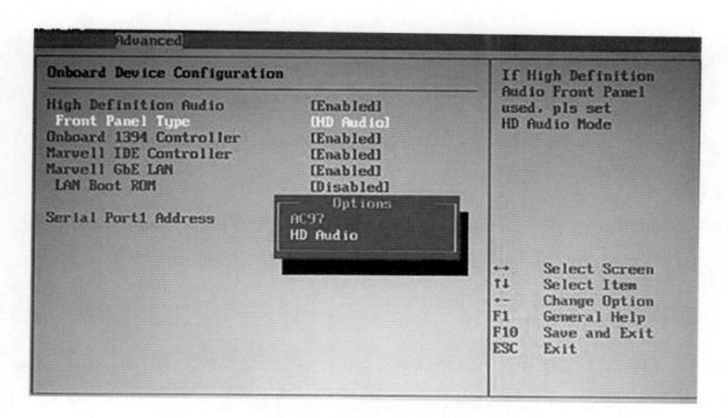

图 4.63

④使用 USB WinPE 系统能否进入,启动盘制作详见 WinPE 制作章节,如图 4.64 所示。

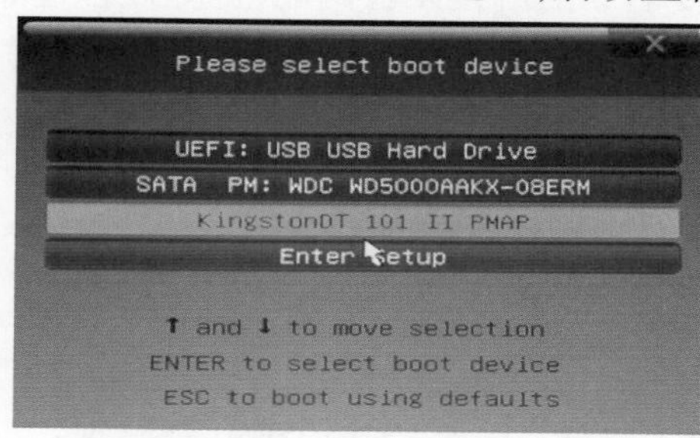

图 4.64

⑤使用 BIOS 烧录更新 BIOS,笔记本需要使用治具烧入。

⑥替换法检测主板,CPU 是否损坏,如图 4.65 所示。

COMS Battery Low
COMS Date/Time Not Set
Press **F2** to continue,**F1** to enter Setup

图 4.65

第二节　蓝屏死机

1.蓝屏死机的概念

蓝屏死机(Blue Screen of Death,BSoD)指的是微软 Windows 操作系统在无法从一个系统错误中恢复过来时所显示的屏幕图像。Windows 中有两个图像都被称为蓝屏死机,其中一个要比另一个严重得多。

一个“真正的”死机画面只在 Windows NT 的系统内核无法修复错误时出现,此时用户所能做的唯一一件事就是重新启动操作系统,这将丢失所有未储存的工作,还有可能破坏文件系统的稳定性。蓝屏死机画面上所显示的信息会有调试码,如 STOP: 0x0000005e,以及其简短的错误信息,用户可以在微软的技术支持网站搜索此调试码出现时可能是什么原因。但有时错误码并不能让用户很快地找到导致蓝屏死机的原因,反而会误导用户。蓝屏死机一般只在 Windows 遇到一个很严重的错误时才会出现。该版本的蓝屏死机出现在 Windows NT 以及基于 Windows NT 的后续版本,如 Windows 2000 与 Windows XP 中。

Windows 9x/ME 发生蓝屏死机时允许用户选择继续或者重新启动。但是,VxD 一般不随便显示蓝屏死机,它们只在一个不通过重新启动就无法修复的错误发生时才显示蓝屏死机,因此当蓝屏死机显示时,系统已经不稳定或死机。

蓝屏死机出现的最常见原因是 DLL“地狱”,即同一个 DLL 的多个版本造成的不兼容。当应用程序需要使用这些 DLL 时,Windows 将它们载入内存;如果替换了 DLL,下一次应用程序载入 DLL 时它可能不是该应用程序所希望的版本。这种不兼容性随着安装新软件的增加而增加,这也是为什么一个新安装的 Windows 往往比安装运行一段时期后的 Windows 更加稳定的主要原因。另一个重要的原因就是硬件问题,例如硬件过热、超频使用、硬件的电子零件损坏(例如电容器的电解液流出损坏)及 BIOS 设置错误或其代码有误等都可能导致蓝屏死机,如图 4.66 所示。

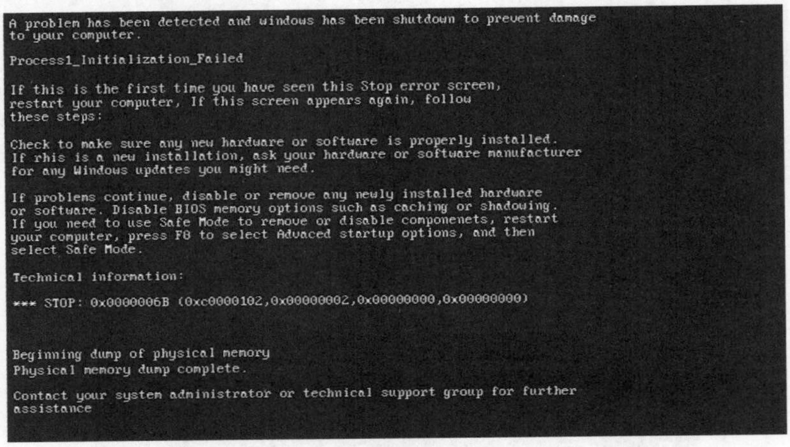

```
A problem has been detected and windows has been shutdown to prevent damage
to your computer.

Process1_Initialization_Failed

If this is the first time you have seen this Stop error screen,
restart your computer, If this screen appears again, follow
these steps:

Check to make sure any new hardware or software is properly installed.
If rhis is a new installation, ask your hardware or software manufacturer
for any Windows updates you might need.

If problems continue, disable or remove any newly installed hardware
or software. Disable BIOS memory options such as caching or shadowing.
If you need to use Safe Mode to remove or disable componenets, restart
your computer, press F8 to select Advaced startup options, and then
select Safe Mode.

Technical information:

*** STOP: 0x0000006B (0xc0000102,0x00000002,0x00000000,0x00000000)


Beginning dump of physical memory
Physical memory dump complete.

Contact your system administrator or technical support group for further
assistance
```

图 4.66

2.蓝屏成因

(1)BIOS 设置不当所造成的“死机”

每种硬件都有自己默认或特定的工作环境,不能随便超越它的工作权限进行设置,否则就会因为硬件达不到这个要求而死机。例如:一款内存条只能支持到 DDR 266,而在 BIOS 设置中却将其设为 DDR 333 的规格,这样做会因为硬件达不到要求而死机,即使能在短时间内正常工作,电子组件也会随着使用时间的增加而逐渐老化,产生的质量问题也会导致计算机频繁“死机”。

(2)硬件或软件的冲突所造成的“死机”

计算机硬件冲突的“死机”主要是由中断设置的冲突造成的,当发生硬件冲突时,虽然各个硬件勉强可以在系统中共存,但是不能同时进行工作,比如能够上网时就不能听音乐等。待时间一长,中断的冲突就会频频出现,最后将导致系统不堪重负,造成“死机”。

同样,软件也存在这种情况。由于不同软件公司开发的软件越来越多,且这些软件在开发过程中不可能做到彼此之间的完全熟悉和配合,因此,当一起运行这些软件时,很容易发生其同时调用同一个 DLL 或同一段物理地址，从而发生冲突。此时的计算机系统由于不知道该优先处理哪个请求使得系统紊乱而致使计算机“死机”。

(3)硬件的品质和故障所造成的“死机”

由于目前一些小品牌的计算机硬件产品往往没经过合格的检验程序就投放市场。其中，有很多质量不过关的硬件产品在品质完好计算机硬件的笼罩下是非常隐蔽的，普通人是不容易看出来的。就这些硬件产品而言，造成计算机经常“死机”的原因和它们有着非常直接的关系。另外，还有些硬件的故障是由于使用的年限太久而产生的。一般来说，内存条、CPU 和硬盘等部件的寿命在超过 3 年后就很难保证了，从而也会产生很多隐蔽的“死机”问题。

(4)计算机系统资源耗尽所造成的“死机”

当计算机系统执行了错误的程序或代码时，会使系统的内部形成“死”循环的现象，原本就非常有限的系统资源会被投入无穷无尽的重复运算当中，当运算到最后会因为计算过大使资源耗尽而造成“死机”。还有一点就是，在计算机操作系统中运行了大量的程序，使得系统内存资源不足而造成“死机”。

(5)系统文件遭到破坏所造成的“死机”

系统文件主要是指在计算机系统启动或运行时起着关键性支持的文件，如果缺少了它们，整个计算机系统将无法正常运行，当然“死机”也就在所难免了。造成系统文件被破坏的原因有很多，病毒和黑客程序的入侵是最主要的原因。另外，初级用户由于错误操作，删除了系统文件也会造成这种后果。

(6)计算机内部散热不良所造成的“死机”

由于计算机内部电子元器件的主要成分是硅(这是一种工作状态受温度影响很大的元素)。在计算机工作时电子元器件的温度就会随之增高，其表面会发生电子迁移现象，从而改变当前工作状态，造成计算机在工作中突然“死机”。

(7)初级用户的错误操作所造成的“死机”

对初级用户而言，在使用计算机的过程中一些错误的操作也会造成系统的“死机”。如热插拔硬件、在运行过程中震动计算机、随意删除文件或安装超过基本硬件设置标准的软件等都可能造成“死机”。

(8)CPU 超频所造成的“死机”

超频提高了 CPU 的工作频率，同时，也可能使其性能变得不稳定。究其原因，CPU 在内存中存取数据的速度本来就快于内存与硬盘交换数据的速度，超频使这种矛盾更加突出，加剧了在内存或虚拟内存中找不到所需数据的情况，这样就会出现“异常错误”。解决办法当然也比较简单，就是让 CPU 回到正常的频率上。

(9)劣质零部件所造成的“死机”

少数不法商人在给顾客组装兼容机时，使用质量低劣的板卡、内存，有的甚至出售冒牌主板和 Remark 过的 CPU、内存，这样的机器在运行时会很不稳定，发生死机在所难免。因此，用户购机时应该警惕，并可以用一些较新的工具软件测试电脑，长时间连续考机(如 72 h)，以及争取尽量长的保修时间等。

(10)其他方面造成的“死机”

除了上述原因之外,还有很多原因可能导致“死机”。如电压波动过大、光驱读盘能力下降、软盘质量不良、病毒或黑客程序的破坏等。另外,笔记本电脑显卡或 CPU 温度过高也可导致死机。总之,导致计算机死机的原因是多方面的。

从上面的几点可知,计算机“死机”对一般用户来说并不是什么好事,不过也不是不可避免的,只要用户按照正确的方式操作计算机,相信出现“死机”的概率就会降到最低。

3.分析蓝屏

以 Windows 7 为例,进入控制面板,单击“系统保护”,单击“高级选项卡”中的设置,取消自动重启选项,并设置小内存转储。设置之后出现蓝屏就会停住。然后根据蓝屏代码查询可能存在的软硬件问题,如图 4.67 所示。

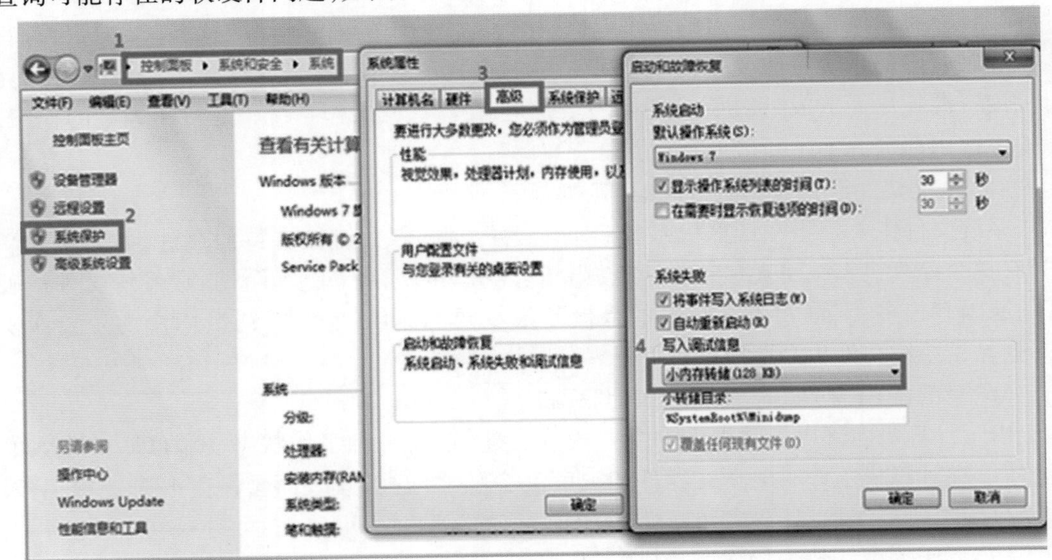

图 4.67

如遇到进入系统就蓝屏的情况,开机时按住“F8”进入安全模式,再按照上面的方法操作即可看到蓝屏代码。

小知识:蓝屏分析工具 WinDbg。

(1)WinDbg 的作用

WinDbg 是在 Windows 平台下,强大的用户态和内核态调试工具。其能够通过 dmp 文件轻松地定位到问题根源,可用于分析蓝屏、程序崩溃(IE 崩溃)的原因,是人们日常工作中必不可少的一个有力工具,学会使用它,将有效提升问题解决效率和准确率。

(2)WinDbg6.12.0002.633 的下载

x86 位版本下载地址:

http://download.microsoft.com/download/A/6/A/A6AC035D-DA3F-4F0C-ADA4-37C8E5D34E3D/setup/WinSDKDebuggingTools/dbg_x86.msi x64 位版本下载地址：

http://download.microsoft.com/download/A/6/A/A6AC035D-DA3F-4F0C-ADA4-37C8E5D34E3D/setup/WinSDKDebuggingTools_amd64/dbg_amd64.msi

(3)设置符号表

符号表是 WinDbg 关键的“数据库”，如果没有它，WinDbg 基本上就无法使用，无法分析出更多问题原因。所以使用 WinDbg 设置符号表，是必须要走的一步。

a.运行 WinDbg 软件，然后按“Ctrl+S”弹出符号表设置窗口。

b.将符号表地址：SRV * C：\Symbols * http://msdl.microsoft.com/download/symbols 粘贴在输入框中，单击确定即可。红色字体为符号表本地存储路径，建议固定路径，可避免符号表重复下载，如图 4.68 所示。

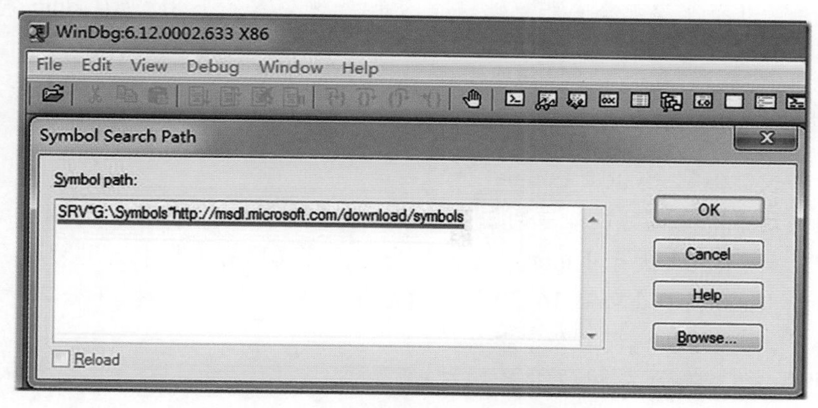

图 4.68

(4)学会打开第一个 dmp 文件(图 4.69)

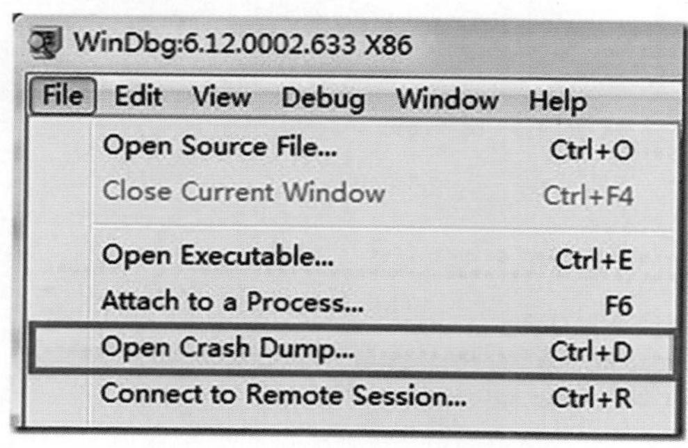

图 4.69

当获得一个 dmp 文件后，可使用“Ctrl+D”快捷键来打开一个 dmp 文件，或者单击 WinDbg 界面上的“File=>Open Crash Dump...”按钮，来打开一个 dmp 文件，如图 4.69 所示。第一次打开 dmp 文件时，可能会收到如图 4.70 所示的提示，当出现这个提示时，勾选“Don't ask again in this WinDbg session”，然后单击“否”即可。

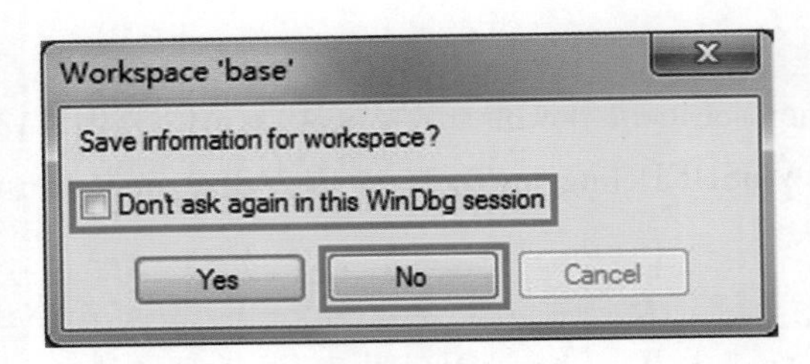

图 4.70

当打开第二个 dmp 文件时,可能因为上一个分析记录未清除,导致无法直接分析下一个 dmp 文件,此时可以使用快捷键"Shift+F5"来关闭上一个 dmp 分析记录。

(5)案例分析

通过简单的几个步骤学会分析一些 dmp 文件。现分享一个 8E 蓝屏 dmp 案例的分析过程:

当打开一个 dmp 文件后,可能因为太多信息,会感到无所适从,不过没有关系,只需要关注几个关键信息即可。

◆第一个关键信息:System Uptime(开机时间)

通过观察这个时间就可以知道问题是在什么时候出现的,例如时间小于 1 min 基本可以定位为开机蓝屏,反之大于 1 min 则可证明是上机后或玩的过程中出现问题了。图 4.71 所示中 System Uptime: 0 days 0:14:23.581,意思是 0 天(days)0 小时 14 分 23 秒 581 毫秒时出现蓝屏了,看来是上机没多久就蓝屏了。

```
Microsoft (R) Windows Debugger Version 6.12.0002.633 X86
Copyright (c) Microsoft Corporation. All rights reserved.

Loading Dump File [g:\Backup\Filebackup\[illegible]\[illegible]\[illegible] dump\0000008E_192.168.0.138_2012_7_14_0_18_58.dmp]
Mini Kernel Dump File: Only registers and stack trace are available

Symbol search path is: SRV*g:\symbols*http://msdl.microsoft.com/download/symbols
Executable search path is:
Windows XP Kernel Version 2600 (Service Pack 3) MP (2 procs) Free x86 compatible
Product: WinNt, suite: TerminalServer SingleUserTS
Built by: 2600.xpsp_sp3_qfe.111025-1623
Machine Name:
Kernel base = 0x804e4000 PsLoadedModuleList = 0x8056a720
Debug session time: Sat Jul 14 00:20:30.812 2012 (UTC + 8:00)
System Uptime: 0 days 0:14:23.581
Loading Kernel Symbols
...............................................................
.....................................
Loading User Symbols
Mini Kernel Dump does not contain unloaded driver list
*******************************************************************************
*                                                                             *
*                        Bugcheck Analysis                                    *
*                                                                             *
*******************************************************************************

Use !analyze -v to get detailed debugging information.
```

图 4.71

那么是什么导致蓝屏的呢? 接下来就需要注意第二个关键信息了!

◆第二个关键信息:Probaly caused by(可能造成蓝屏的原因)

这个信息是相对比较重要的一个信息,如果运气好的话,通过这个信息,基本上可以看到导致蓝屏的驱动或者程序名称了,如图 4.72 所示,初步分析已经有了结果,Probaly caused by 后面显示的是一个名为 KiMsg Protect.sys 的驱动文件导致蓝屏,这个文件就是恒信一卡通的一个关键驱动。因此蓝屏则很有可能和一卡通有关。

```
Kernel base = 0x804e4000 PsLoadedModuleList = 0x8056a720
Debug session time: Sat Jul 14 00:20:30.812 2012 (UTC + 8:00)
System Uptime: 0 days 0:14:23.581
Loading Kernel Symbols
...............................................................
.....................................
Loading User Symbols
Mini Kernel Dump does not contain unloaded driver list
*******************************************************************************
*                                                                             *
*                        Bugcheck Analysis                                    *
*                                                                             *
*******************************************************************************

Use !analyze -v to get detailed debugging information.

BugCheck 8E, {c0000005, 8053b7bb, b2bfeb78, 0}

Unable to load image KiMsgProtect.sys, Win32 error 0n2
*** WARNING: Unable to verify timestamp for KiMsgProtect.sys
*** ERROR: Module load completed but symbols could not be loaded for KiMsgProtect.sys
Probably caused by : KiMsgProtect.sys ( KiMsgProtect+1496 )

Followup: MachineOwner
---------
```

图 4.72

其实,对于分析蓝屏 dmp 并不是每次运气都那么好,假如刚刚打开 dmp 文件未看到明确的蓝屏原因时,人们就需要借助一个命令来进一步分析 dmp,这个命令就是“! analyze-v”,这个命令能够自动分析绝大部分蓝屏原因。当初步分析没有结果时,可以使用该命令进一步分析故障原因,当然也可以直接单击链接样式的“! analyze-v”来进行执行该命令,为了让大家能够更直观地理解,大家可以直接观看图 4.73 中的注释信息。

```
EXCEPTION_CODE: (NTSTATUS) 0xc0000005 - 0x%08lx

FAULTING_IP:
nt!RtlInitUnicodeString+1b
8053b7bb f266af          repne scas word ptr es:[edi]

TRAP_FRAME:  b2bfeb78 -- (.trap 0xffffffffb2bfeb78)
ErrCode = 00000000
eax=00000000 ebx=e302c8b0 ecx=ffffffff edx=b2bfebfc esi=80570a48 edi=000005b8
eip=8053b7bb esp=b2bfebec ebp=b2bfec08 iopl=0         nv up ei pl zr na pe nc
cs=0008  ss=0010  ds=0023  es=0023  fs=0030  gs=0000             efl=00010246
nt!RtlInitUnicodeString+0x1b:
8053b7bb f266af          repne scas word ptr es:[edi]
Resetting default scope

CUSTOMER_CRASH_COUNT:  58

DEFAULT_BUCKET_ID:  COMMON_SYSTEM_FAULT

BUGCHECK_STR:  0x8E  这个也是蓝屏代码,通常MSDN上的蓝屏代码表示方法通常是0x8E这样,而不是0x0000008E

PROCESS_NAME:  PinyinUp.exe  这里是触发蓝屏的应用程序,可能是exe可能是dat也可能是dll,并不固定,但要注意的是,这并不是蓝屏的真正原因,因为用户态程序是不会导致蓝屏的,蓝屏只可能是内核态程序(驱动程序)才会导致蓝屏。

LAST_CONTROL_TRANSFER:  from 880c56d2 to 8a6d193c
```

图 4.73

看了这么多信息之后,这个蓝屏 dmp 到底是怎么回事呢?根据 dmp 给出的信息,应该是:顾客上机 0 天(days)0 小时 14 分 23 秒 581 毫秒时,一个名为 PinyinUp.exe 触发了 KiMsgProtect.sys 这个驱动的一个 Bug,导致蓝屏。

那么 PinyinUp.exe 和 KiMsgProtect.sys 都是哪个厂商的?一般要知道这个信息,只能去用户的机器上找了,在去找了之后发现 PinyinUp.exe 是搜狗输入法的自动升级程序,KiMsgProtect.sys 是恒信一卡通这个计费软件的驱动,所以这个 dmp 表示出来的意思看上去是搜狗拼音和恒信一卡通混在一起出了问题!当然排除方法很简单,将搜狗输入法的自动升级程序删除掉,再看看是否仍然有蓝屏问题发生就 OK 了!

第三节 系统恢复

系统恢复即常说的 Windows 系统还原。

1.基本定义

Windows Me 中就加入了“系统还原”功能，并且一直在 Windows Me 以上的操作系统中使用。“系统还原”的目的是在不需要重新安装操作系统，也不会破坏数据文件的前提下使系统回到工作状态。应用程序在后台运行，并在触发器事件发生时自动创建还原点。触发器事件包括应用程序安装、AutoUpdate 安装、Microsoft 备份应用程序恢复、未经签名的驱动程序安装以及手动创建还原点。默认情况下应用程序每天创建一次还原点。

有时，安装程序或驱动程序会对电脑造成不可预期的变更，甚至导致 Windows 不稳定，发生不正常行为。通常，解除安装程序或驱动程序可修正此问题。用户便可通过还原点，在不影响个人文件(例如文件、电子邮件或相片)的情况下撤销电脑系统变更。“系统还原”会影响 Windows 系统档、程序和注册表设置。它也可能会变更电脑上的批次档、脚本和其他类型的运行档。系统还原能够设置最高使用 15%硬盘空间。旧的还原点将会被删除以保持硬盘在指定的使用量。这能够使很多用户的还原点被保留大约数星期。有些关切系统性能及硬盘空间的用户可能会完全地关闭系统还原。文件储存在硬磁盘分割将不会被系统还原监控并且不会运行备份或还原。

“系统还原”可以恢复注册表、本地配置文件、COM+ 数据库、Windows 文件保护(WFP) 高速缓存 (wfp.dll)、Windows 管理工具 (WMI) 数据库、Microsoft ⅡS 元数据，以及实用程序默认复制到“还原”存档中的文件。但不能指定要还原的内容：Vista 简化的系统还原。

“系统还原”需要 200 MB 的可用硬盘空间，用来创建数据存储。如果没有 200 MB 的可用空间，“系统还原”会一直保持禁用状态，当空间够用时，实用程序会自动启动。“系统还原”使用先进先出 (FIFO) 存储模式：在数据存储达到设定的阀值时，实用程序会清除旧的存档为新的存档腾出空间。

“系统还原”监视的文件类型很多，包括安装新软件时通常看到的大多数扩展名(如 .cat、.com、.dll、.exe、.inf、.ini、.msi、.ole 和 .sys)。请注意，只有使用与“系统还原”restorept.api 兼容的安装程序安装应用程序时才能触发还原点创建事件。

通常，当知道确定导致问题出现的原因(一个安装的设备驱动程序)时，系统恢复会很简单。在有些情况下，对于某些问题，使用“系统还原”可能不是最好的解决方法。“系统还原”会更改许多不同的文件和注册表项目，而且有时由于替换的文件或注册表项目过多，可能会导致更复杂的问题。以安装 Office 为例，当安装时会触发“系统还原”创建一个还原点，安装后软件包运行得很好。后来，下载并安装了一个更新的视频驱动程序，由于驱动程序是经过签署的，所以其安装时并没有触发“系统还原”创建还原点。而就在此时，系统当机了，并且新安装的视频驱动程序是导致这一切状况出现的原因。在这种情况下，应当使用“返回设备驱动”实用程序，因为其可以解决设备驱动问题而不会更改系统上其他任何东西。而“系统还原”则会将计算机恢复到安装 Office 之前的状态，因此在解决完驱动程序问题后用户必须重新安装整个软件包。

2.还原方法

（1）创建系统还原点

创建系统还原点也就是建立一个还原位置，系统出现问题后，就可以将系统还原到创建还原点时的状态。单击“开始”→“程序”→“附件”→“系统工具”→“系统还原”命令，打开系统还原向导，选择“创建一个还原点”，然后单击“下一步”按钮，在还原点描述中填入还原点名（当然也可以用默认的日期作为名称），单击“创建”按钮即完成了还原点的创建。

小技巧：快速启动系统还原

进入 C:\WINDOWS\system32\Restore 目录，右键单击“rstrui”文件（这就是系统还原的后台程序），选择“发送到”→“桌面快捷方式”，以后只需双击该快捷方式便可快速启动系统还原。在命令行提示符或“运行”框中输入“rstrui”后单击回车键，也可以达到同样的效果。

（2）还原点还系统“健康”

当电脑由于各种原因出现异常错误或故障后，系统还原就派上大用场了。单击“开始”→“程序”→“附件”→“系统工具”→“系统还原”命令，选择“恢复我的计算机到一个较早的时间”，然后单击“下一步”按钮选择还原点，在左边的日历中选择一个还原点创建的日期后，就会出现这一天中创建的所有还原点，选中想要还原的还原点，单击“下一步”按钮开始进行系统还原，在这个过程中计算机会重启。

如果无法以正常模式运行 WinXP 来进行系统还原，那就通过安全模式进入操作系统来进行还原，还原方式与正常模式中的方式一样。如果系统已经崩溃，连安全模式也无法进入，但能进入“带命令行提示的安全模式”，那就可以在命令行提示符后面输入“C:windowssystem32restorerstrui”并单击回车键（实际输入时不带引号），这样也可打开系统还原操作界面来进行系统还原。

（3）局部的系统还原

在默认情况下，“系统还原”将针对所有驱动器的变化保存相应的信息和数据，然而必然会随着使用时间的增长耗用惊人的磁盘空间。如何使系统还原更好地运行而不占用太多硬盘空间呢？其实，仅需对操作系统所在的分区开放系统还原功能就可以节约大量的磁盘空间。

进入“系统还原”设置窗口，就可以对系统还原的分区进行设置了。在“在所有驱动器上关闭系统还原”项前面打上钩，单击“应用”选项，这样 WinXP 就会删除备份的系统还原点，释放出硬盘空间。

随后，再取消“在所有驱动器上关闭系统还原”前的钩，启动系统还原，然后挨个选择非系统分区，单击“设置”选项，选中“关闭这个驱动器上的系统还原”，这样该分区的系统还原功能就禁止了。另外，还可以给分区限制还原所使用的磁盘空间，选中要设置使用空间的分区，单击“设置”弹出设置窗口，拖动其中的滑块即可进行空间大小的调节。

3.Windows 7 **系统还原**

①右键单击桌面上的“计算机”图标,选择“属性”,打开“系统”窗口,如图 4.74 所示。

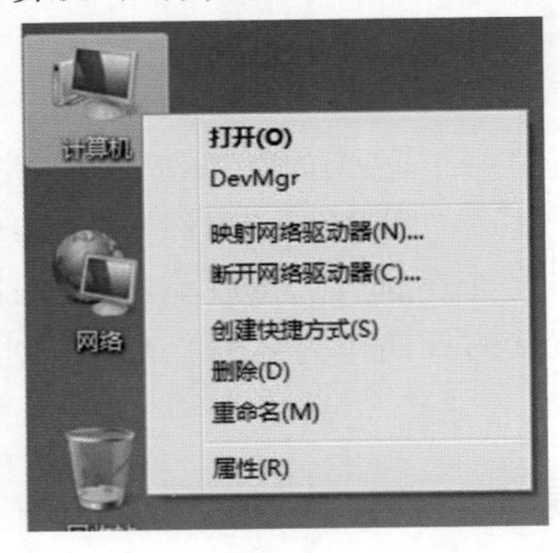

图 4.74

②在“系统”窗口的左侧窗格中,选择“系统保护”选项卡,如图 4.75 所示。

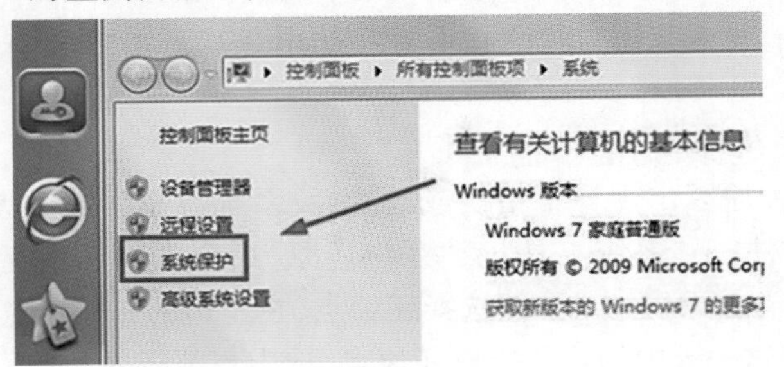

图 4.75

③在“系统属性”对话框中选中需要开启还原点设置的驱动器,单击“配置”按钮,如图 4.76 所示。

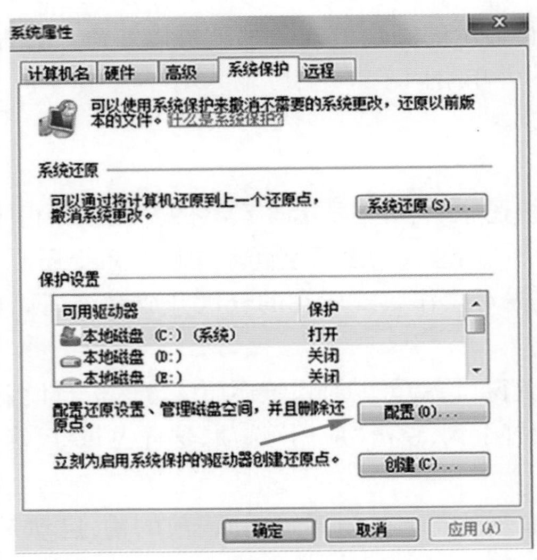

图 4.76

④如果想打开还原系统设置和以前版本的文件的功能,请选择"还原系统设置和以前版本的文件";如果想打开还原以前版本的文件的功能,请选择"仅还原以前版本的文件"如图4.7所示。

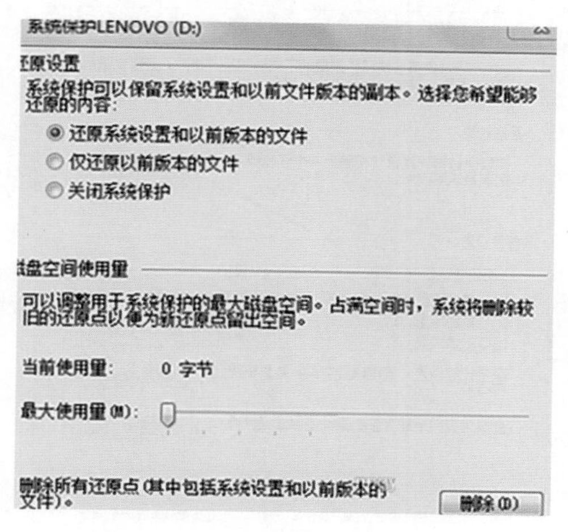

图 4.77

⑤在"系统属性"→"系统保护"对话框中选中需要开启还原点设置的驱动器,单击"创建"按钮,如图4.78所示。

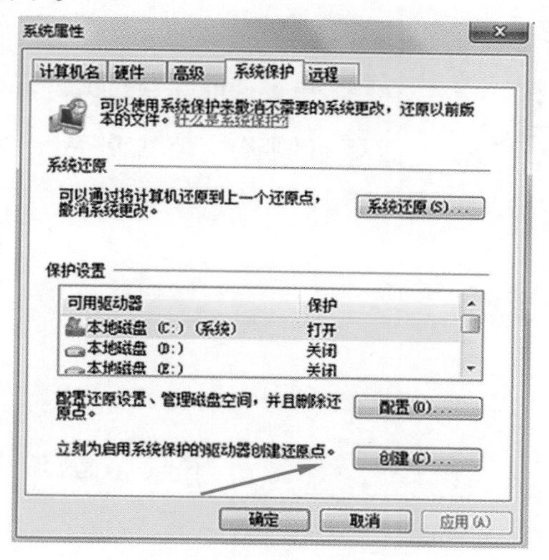

图 4.78

⑥键入还原点名,可以帮助识别还原点的描述,单击"创建"即可,如图4.79所示。

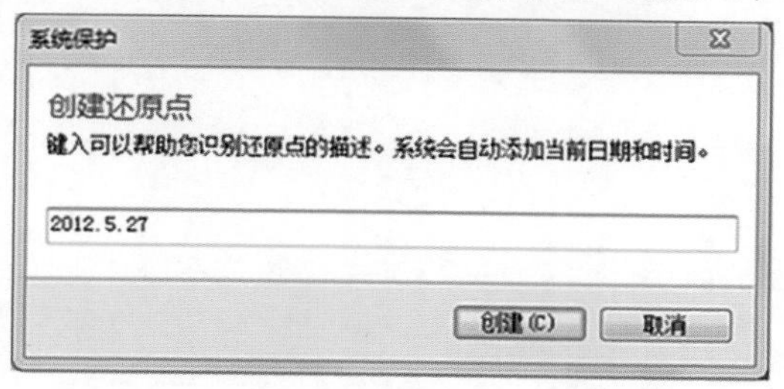

图 4.79

⑦在“系统属性”→“系统保护”对话框中选中需要开启还原点设置的驱动器，单击“系统还原”按钮，如图 4.80 所示。

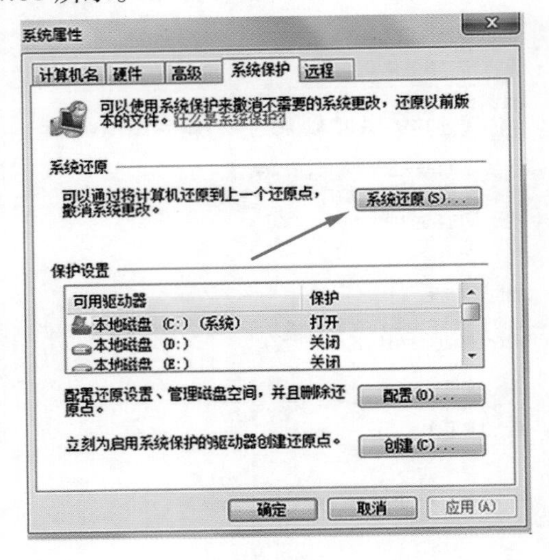

图 4.80

⑧单击“下一步”选项，如图 4.81 所示。

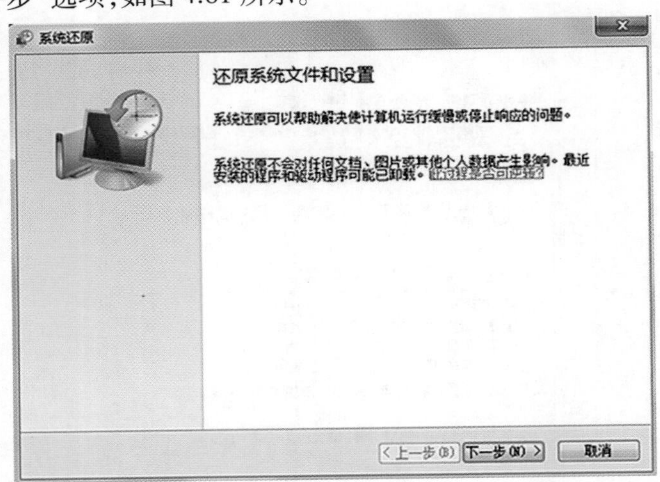

图 4.81

⑨选择一个之前的还原点，单击“下一步”按钮进行恢复，恢复过程不能中断，如图 4.82所示。

图 4.82

第四节　系统安装

1.Windows 7 系统安装失败的原因

为电脑安装 Windows 7 系统时,有时会弹出错误提示,导致系统安装失败,了解常见的导致 Windows 7 系统安装失败的原因,可以有效防止系统安装的失败。

(1)原因 1:系统安装目录预留空间不足

Windows 7 作为操作系统,对于硬件性能是有一定要求的,特别是磁盘空间。微软官方曾发布过 Windows 7 安装最低硬件资源是不低于 25 GB 的系统盘空间。如果在安装时磁盘空间不足,Windows 7 会明确提示此项错误,并使系统自动退出安装。建议安装 Windows 7 的系统盘最好保证 50 GB 以上。

(2)原因 2:Windows 7 系统文件或安装介质出错

安装 Windows 7 的方式多种多样,除了传统的光盘安装外,还可选择 U 盘、移动硬盘安装和网络安装。但是在安装过程中,如果检测到安装文件不完整或是被破坏,或者安装 Windows 7 系统的介质出现问题,都有可能导致 Windows 7 安装失败。

(3)原因 3:电脑硬件故障导致 Windows 7 安装中途停止响应

Windows 7 的安装过程中突然停止响应,停留在当前界面没有任何进展,有时可能会在一段时间后弹出 STOP 提示并中止安装,但有时也会一直停止,无任何提示,这可能是在安装过程中遇到一些小的 BUG 或者突发错误所致,只需要按下“Ctrl+Alt+Del”键重启电脑,即可继续完成安装。但是,若反复出现停止响应,或者停止响应后无法重新启动安装,那么就应该考虑是不是电脑硬件出现故障,如内存或 CPU。

2.常见问题

(1)问题1:屏幕出现 Please wait...等待许久不见动静

解决方法:这是 Windows 7 安装开始时安装程序加载时的提示语。如果卡在这个地方无法进行下去,请检查电脑硬件是否正常工作。但是如果电脑本身配置较低,则可能要多等一下。

(2)问题2:屏幕卡在 Setup is copying temporary files...

解决方法:这是安装 Windows 7 系统正在复制临时文件,一般说来需要一些时间,请耐心等待,只要确认电脑硬件没有问题就行。

(3)问题3:You must be an administrator to install Windows

解决方法:出现这样的提示说明此时没有以电脑管理员账号进行操作,权限不够,所以无法安装 Windows 7 系统,需要重启之后以管理员账号登录再安装即可。

(4)问题4:Windows could not load required file. The file may be corrupt. To install Windows, restart the installation. Error code: 0x%2! X!

解决方法:出现该提示时,代表 Windows 需要加载的文件可能已经损坏,可以重启电脑再试试。另外,检查 ISO 的 MD5 是否一致,有可能出现 ISO 文件损坏的情况,所以 ISO 下载一定要保证最好来源于微软官方,避免使用被修改过的 ISO 文件安装 Windows 7。

(5)问题5:This version of Windows is for a 32-bit machine and cannot run on the current 64-bit operating system

解决方法:该问题是由于用户在 64 位机器上安装 32 位 Windows 7 系统引起的,如果使用的是 32 位机器,下载 ISO 文件时一定要看清楚下载对应的 32 位安装文件,以免浪费时间去下载文件。

(6)问题6:Windows could not create temporary folder [%1! s!]. Make sure you have permission to create this folder, and restart the installation.Error code: 0x%2! X!

解决方法:这是代表 Windows 无法创建临时文件夹,请确保首先具有创建该文件夹的权限,并重新启动安装。因为安装 Windows 7 的过程中需要一个至少 2 GB 的空间来存储临时文件,所以安装系统前最好先检查一下电脑磁盘是否有足够的空间来安装 Windows 7 系统。

3. Windows 7 系统要求

如果想要在电脑上运行 Windows 7,请在下面查看它所需的配置:

①1 GHz 32 位或 64 位处理器。

②1 GB 内存(基于 32 位)或 2 GB 内存(基于 64 位)。

③16 GB 可用硬盘空间(基于 32 位)或 20 GB 可用硬盘空间(基于 64 位)。

④带有 WDDM 1.0 或更高版本的驱动程序的 DirectX 9 图形设备。

若要使用某些特定功能,还要有下面一些附加要求:

①Internet 访问(可能会有网络使用费)。

②根据分辨率,播放视频时可能需要额外的内存和高级图形硬件。

③一些游戏和程序可能需要图形卡与 DirectX 10 或更高版本兼容,以获得最佳性能。

④对于一些 Windows 媒体中心功能,可能需要电视调谐器以及其他硬件。

⑤Windows 触控功能和 Tablet PC 需要特定硬件。

⑥家庭组需要网络和运行 Windows 7 的电脑。

⑦制作 DVD/CD 时需要兼容的光驱。

⑧BitLocker 需要受信任的平台模块(TPM) 1.2。

⑨BitLocker To Go 需要 USB 闪存驱动器。

⑩Windows XP 模式需要额外的 1 GB 内存和 15 GB 可用的硬盘空间。

⑪音乐和声音需要音频输出设备。产品功能和图形可能会因系统配置而异,有些功能可能还需要高级或附加硬件。

⑫带有多核处理器的电脑。Windows 7 是专门为与今天的多核处理器配合使用而设计的。所有 32 位版本的 Windows 7 最多可支持 32 个处理器核,而 64 位版本最多可支持 256 个处理器核。

⑬带有多个处理器(CPU)的电脑。商用服务器、工作站和其他高端电脑可以拥有多个物理处理器。Windows 7 专业版、企业版和旗舰版允许使用两个物理处理器,以在这些计算机上提供最佳性能。Windows 7 简易版、家庭普通版和家庭高级版只能识别一个物理处理器。

4.MacBook 安装 Windows 7

实现双系统大致有两种方法,如下所述。

(1)通过 Mac OS 上的虚拟机

优点:文件易于管理。

缺点:对性能要求较高。

(2)独立安装 Windows 操作系统

优点:对性能要求较低。

缺点:无法实时切换。对于采用低功耗平台的 MacBook Air 来说,采用第二种方法更好一些。

安装方法如图 4.83—图 4.107 所示。

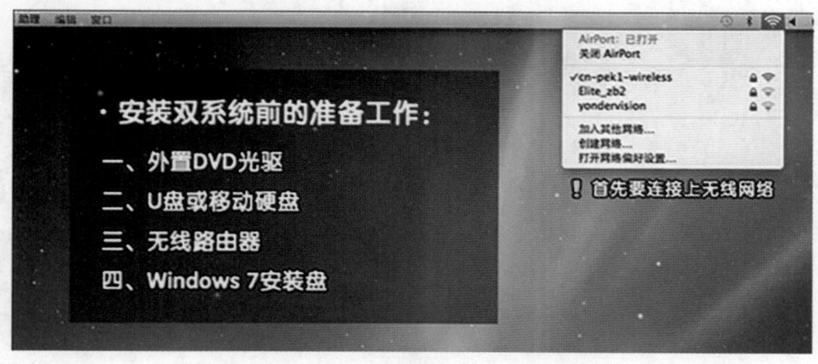

图 4.83

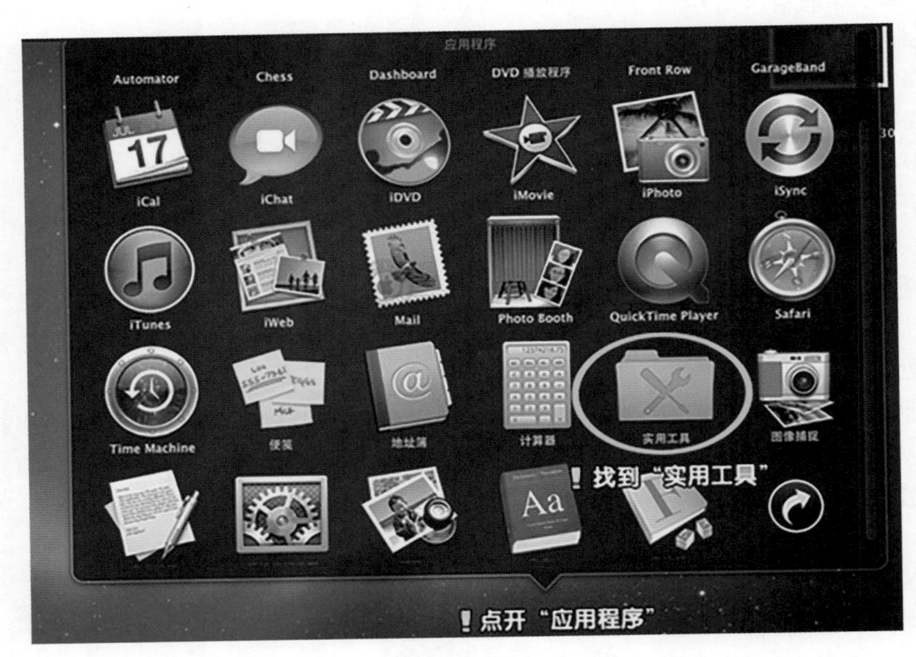
应用程序
Automator
Chess
Dashboard
Front Row
GarageBand
iCal
iChat
iDVD
iMovie
iPhoto
iSync
iTunes
iWeb
Mail
Photo Booth
QuickTime Player
Safari
Time Machine
便笺
地址簿
计算器
实用工具
! 找到"实用工具"
! 点开"应用程序"

图 4.84

! 在实用工具中找到Boot Camp
实用工具
? Boot Camp是什么
Boot Camp是苹果公司推出的一款应用软件，通过它可以帮助用户在基于英特尔处理器的Mac电脑上运行Windows操作系统。
AirPort 实用工具
AppleScript 编辑器
Boot Camp 助理
Exposé
Grapher
Podcast 捕捉
RAID 实用工具
Spaces
X11
音频 MIDI 设置
远程安装 Mac OS X

图 4.85

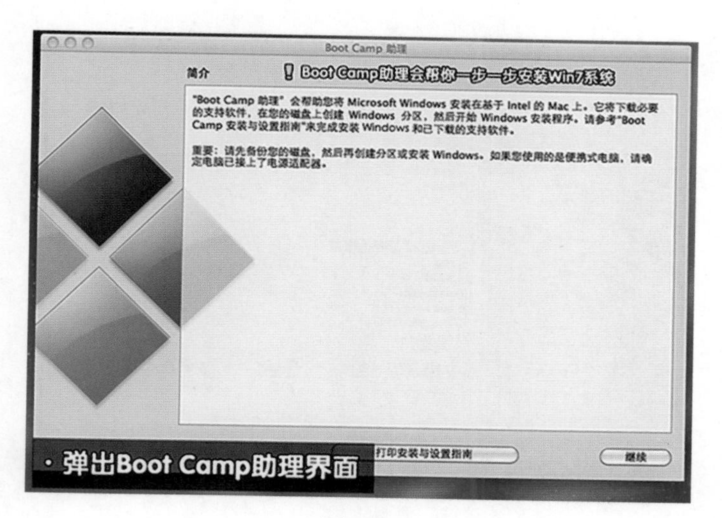

图 4.86

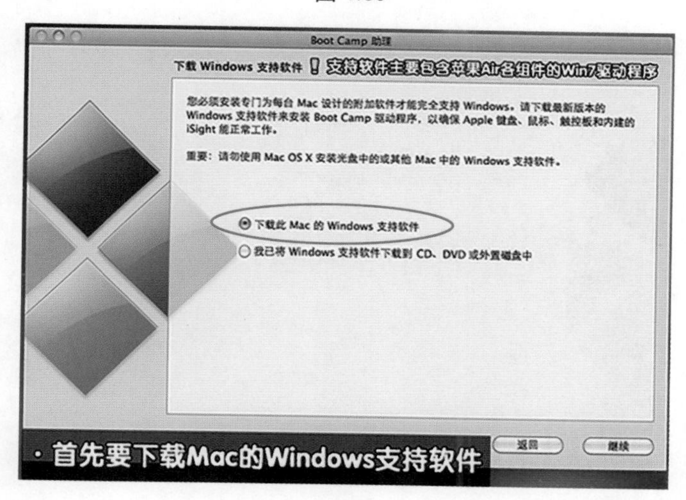

图 4.87

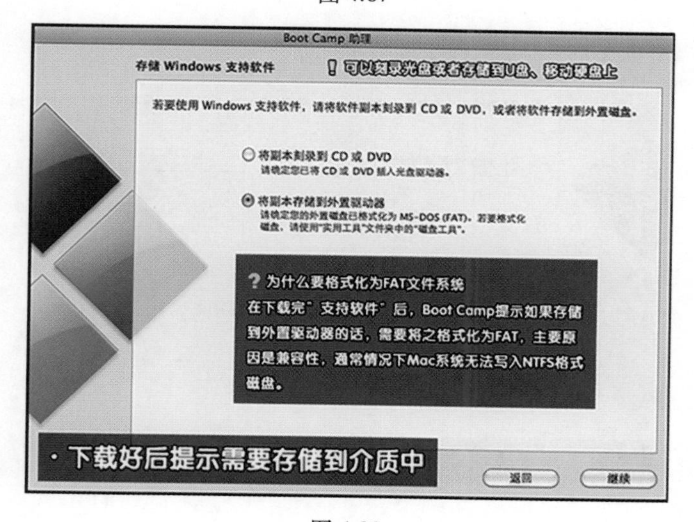

图 4.88

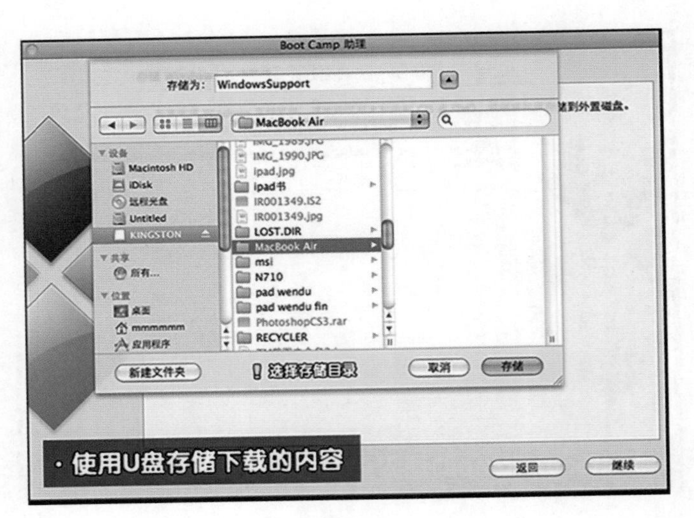

图 4.89

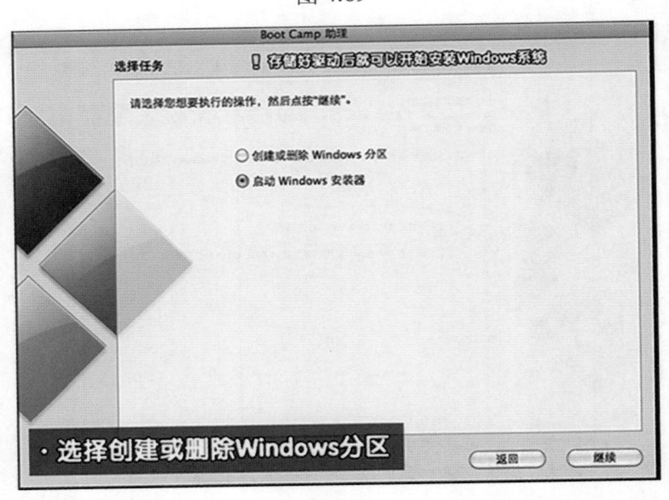

图 4.90

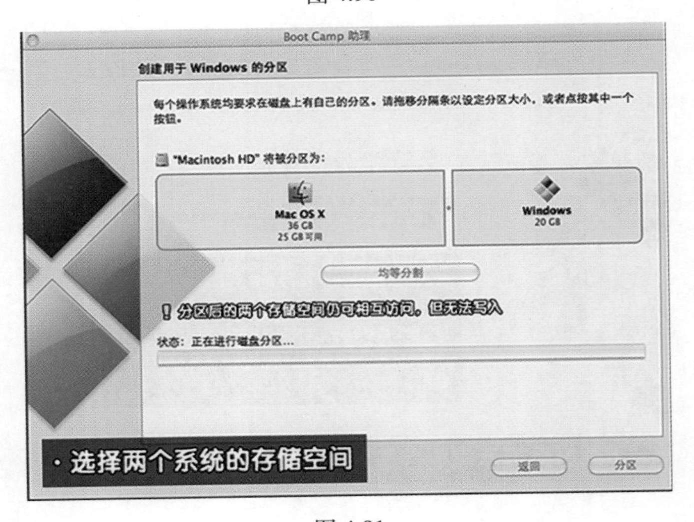

图 4.91

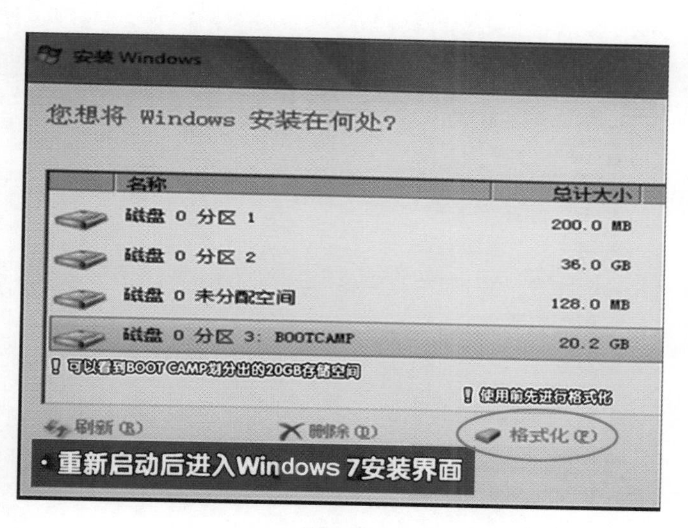

图 4.92

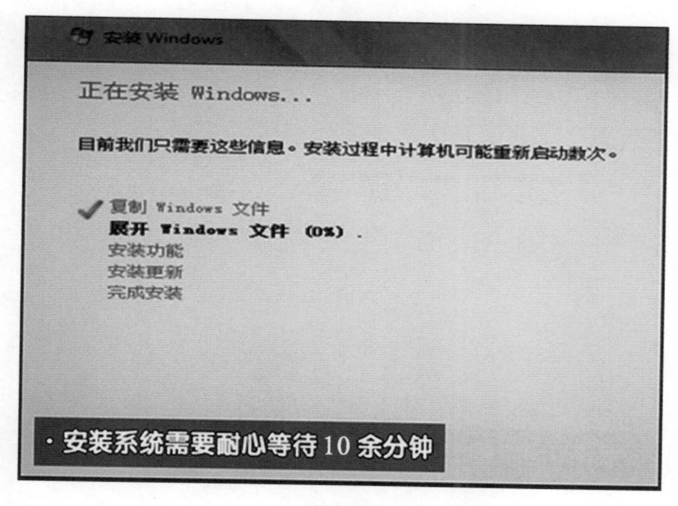

图 4.93

图 4.94

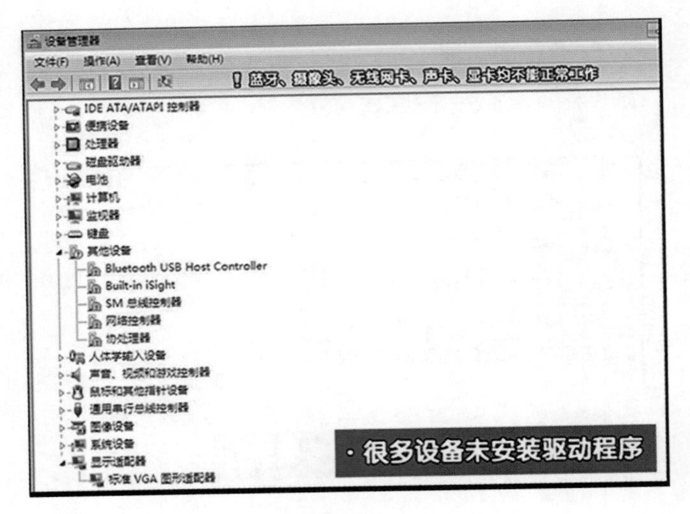

图 4.95

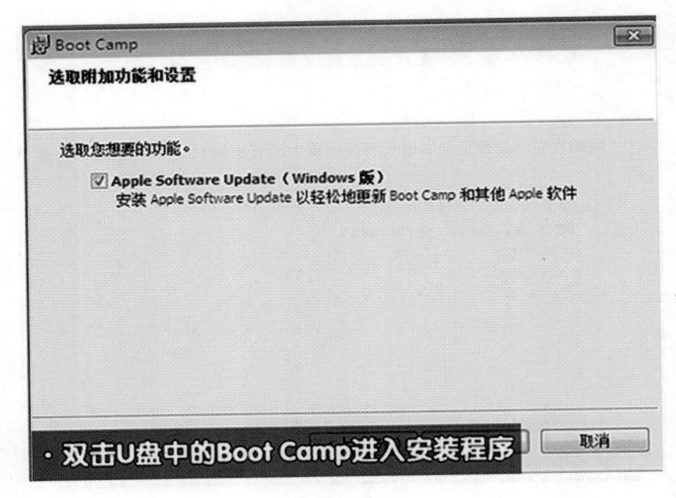

图 4.96

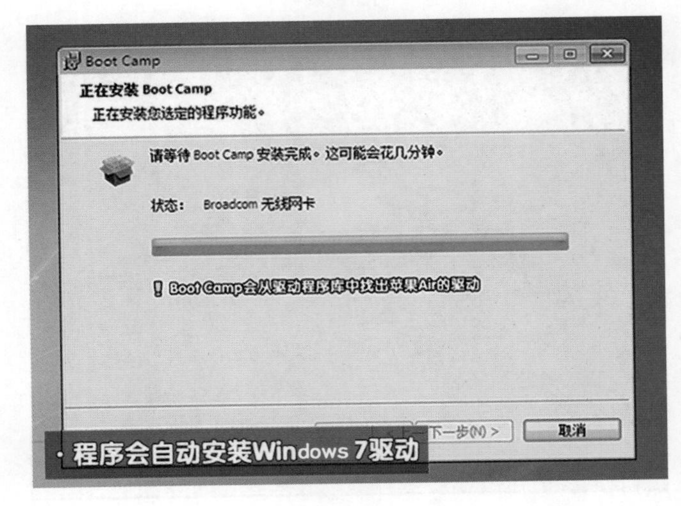

图 4.97

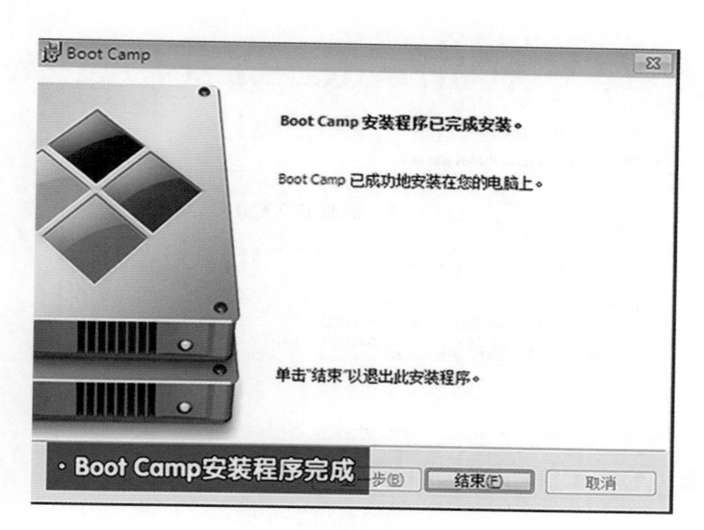

图 4.98

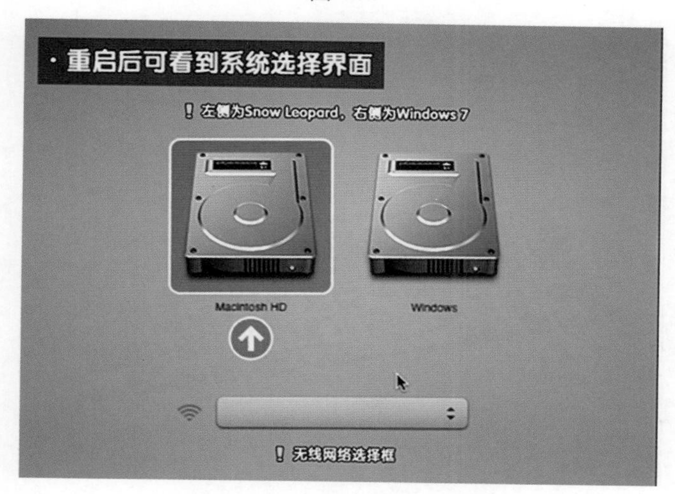

图 4.99

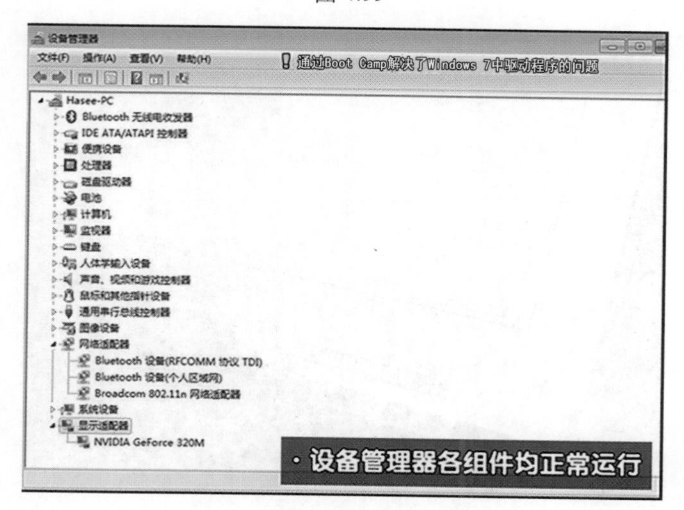

图 4.100

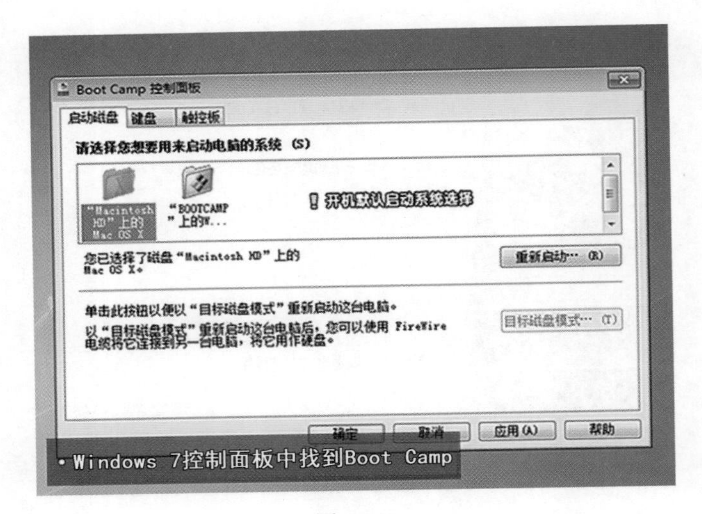

图 4.101

图 4.102

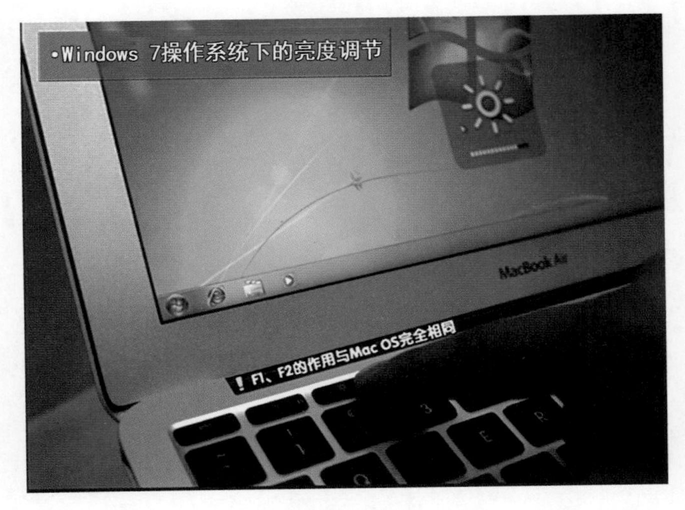

图 4.103

图 4.104

图 4.105

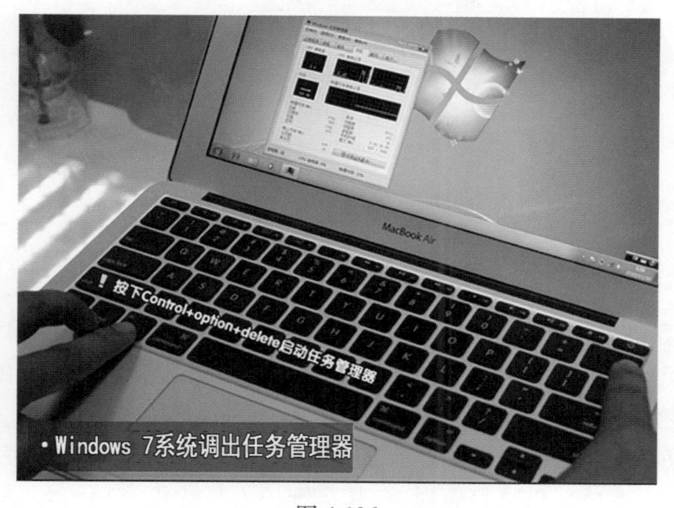

图 4.106

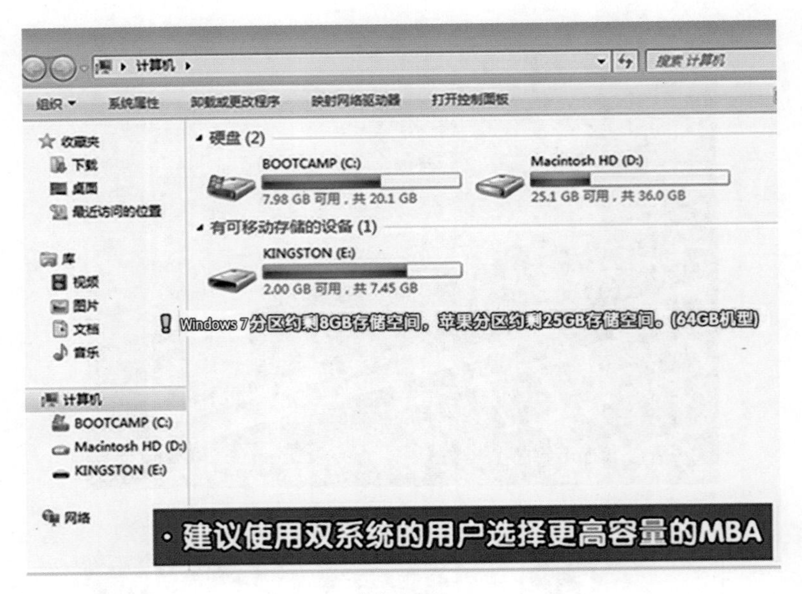

图 4.107

小结：苹果笔记本安装 Windows 7 的操作流程图，如图 4.108 所示。

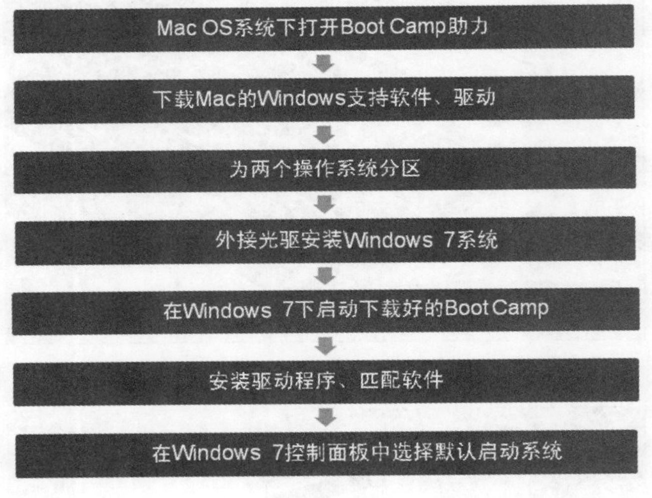

图 4.108

第五节　运行速度慢

作为一名计算机维护人员，经常会有用户问到："我的电脑好慢啊，是什么问题，快点帮我弄一下，我有一些重要的工作马上要完成。"维修人员能够理解他们的心情，但又觉得爱莫能助，因为他们并没有讲清楚问题在哪里，所以根本没办法帮上忙。更有甚者，随便给个解决方案，或者按照自己一贯的经验进行处理，重装系统解决。重装系统大部分时候确实能够解决问题，不过那只是表面现象，其实维护人员并没有搞清楚是哪个部分的软件发生了问题，用户回家之后依然会按照自己的使用习惯进行操作，一段时间之后就会又来找你了，“我的电脑使用后又变慢了，怎么办？”听到的回答就是电脑本来就是这样的，过段时间就要重装一次系统的，并且随着应用软件的安装卸载次数的增多系统会产生一些垃圾，注册表会随着使用时间的增长而变大……总之电脑就是这个样子的。这绝对是不负责任的做法，因为除了软件问题之外，某些硬件的损坏也会导致计算机变慢，比较有趣的是某些硬件的损坏导致系统变慢的情况通过重新安装系统的方法也能得到暂时性的缓解。

那么要解决问题需要了解哪些信息呢？首先要说明的是故障的特性总是与一些因素相关联，那么通过与用户的交流确定这些与故障相关因素的状况，从而找到导致故障发生的真正原因，进而排除故障从根本上解决用户的问题就显得尤为重要。一般从以下几个方面来确认故障原因：

• 人。这台计算机的使用者是送修用户的本人吗？这台计算机是多人使用还是只有一人使用？

• 事。您是否还记得第一次故障发生时您在进行什么操作？如安装了某软件，或者打开了一个以前没去过的网站，或是安装了一款新软件……

• 故障的发生是否只是在特殊的时间点，如开机时，又或者是在线看电影时……

• 计算机是否在特殊的地点使用，比如高温高湿的环境，或者周边有电焊加工单位，又或者经常需要在不是很安全的公共网络环境。

• 计算机在使用时是否有外接一些设备，如打印机、路由器、多媒体盒子、带复杂驱动的游戏鼠标等。

如果上述信息可以被清楚地确认，那么对于故障的排除好处是不言而喻的，但是比较突出的问题是有些用户一问三不知，又或者是代人送修的根本搞不清楚状况，在此情况下维修人员还是需要排除故障，所以就有了下述章节的内容——从技术角度来讲解如何初步进行故障排查。

1.开机上电，载入系统

首先，开机上电是指按下电源，电源灯亮的那个瞬间，载入操作系统一般是指看到Windows或者操作系统徽标之时。计算机加电后，主机电源立即产生“Power Good”低电位信号，该信号通过时钟产生（驱动）器输出有效的RESET信号，使CPU进入复位状态，并强制系统进入ROM-BIOS程序区。系统BIOS区的第一条指令是“jump star”，即跳转到硬件自检程序start。为了快速地实现BIOS的功能，BIOS运行时要用到一些RAM，因此大多数BIOS要做的第一件事就是检测系统中的低端RAM。如果上面的过程完成了，电脑开始显示ROM-BIOS的版本、版权信息以及检测出的CPU型号、主频和内存容量。在这个过程中，自检程序还要测试DAM（内存）控制器及ROM-BIOS芯片的字节数。接下来继续检验中断控制器、定时器、键盘、扩展I/O接口、IDE接口、软驱等设备并进行初始化。之后自检程序将根据CMOS RAM中的内容来识别系统的一些硬件设置，并对这些部件进行初始化，如果以上的工作都完成了，电脑就开始从硬盘读取数据，引导。

其实在BIOS完成系统硬件检测之后就开始载入操作系统了，但是此时不是很容易辨别，对于不能载入操作系统这个问题，部分状况下人们需要依靠特殊工具才能确定是BIOS

还是操作系统载入失败。当然对于运行速度慢的故障的判断没有这方面的问题，所以还是以看到系统徽标为判断依据。在此时间段内无论计算机配置的好坏，一般都能在 30 s~1 min 内完成，对于用户来说这个时间段是 1 min 还是 2 min 感受并不是太明显，通常情况下若故障现象是这个时间段非常慢，都是由于 BIOS 在针对硬件检测，且检测的硬件没有及时响应。要排除此故障可以先将系统最小化，以及拔掉所有无关外设后看开机运行速度是否缓慢，如果故障依旧，就需要对内存、主板、CPU 等方面进行逐个排查；换之就需要对外设进行逐个排查。

以上是比较复杂的情况，实际人们遇到的大多数问题都不是硬件损坏，而是 BIOS 中的内容设置错误。例如硬盘参数设定错误，或者一些端口设置的问题。比较简单的方法是在 BIOS 界面中进行点载入初始化设置，图 4.109 所示为 Phoenix BIOS 设定界面，单击红框内的选项，然后单击“确认”就可以恢复缺省设置。另外有些计算机 BIOS 对于外设检查的功能是可以设定关闭的，通常情况下人们会关闭此选项以提升开机速度。

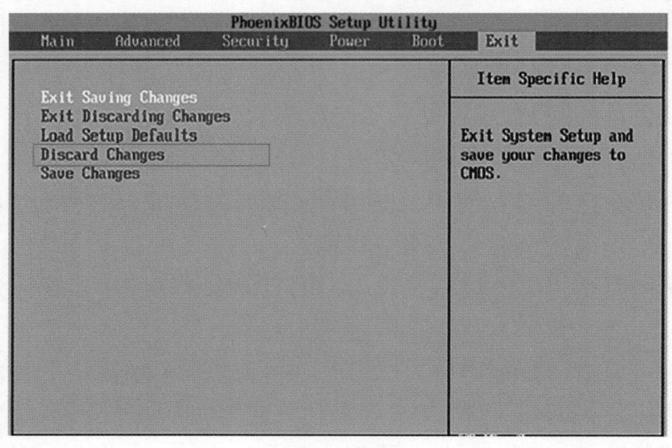

图 4.109

除此之外，这个阶段的故障需要注意一下开机时 USB 端口上是否接 U 盘，如果有光驱的话是否里面有光盘，启动设定的选项是否正确，如有些用户将网络启动设为第一项，那么很有可能会看到网络启动的信息一直在屏幕上逐行显示。

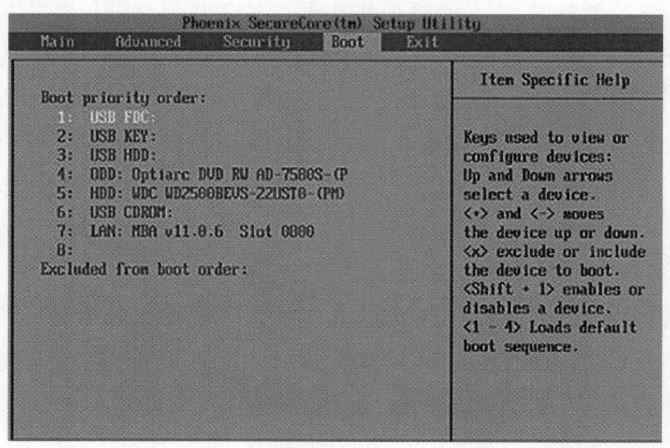

图 4.110

2.载入操作系统,完成系统载入

需要注意的是完成系统载入和看到桌面并非是同一件事,事实上当显示桌面之后还会有一段时间电脑才能正常使用。此时用户设定的一些开机程序就会逐个启动,对于载入操作系统至完成系统载入这段时间影响最大的部分就是这些被设定为开机启动的程序或开机启动的 Windows 服务。一般来说,开机启动的程序大家都了解是什么,而对于 Windows 服务知道的就不多了,其实很多故障的发生都与之有很密切的关系。

简单来说,Windows 服务应用程序是一种需要长期运行的应用程序。它没有用户界面,并且也不会产生任何可视输出。任何用户消息都会被写进 Windows 事件日志。计算机启动时,服务会自动开始运行。它们不需要用户登录才运行,它们能在包含这个系统内的任何用户环境下运行。通过服务控制管理器,Windows 服务是可控的,可以终止、暂停以及当需要时启动。现列举一些常见服务项目服务。

(1)ALERTER

微软:通知选取的使用者及计算机系统管理警示。如果停止这个服务,使用系统管理警示的程序将不会收到通知。如果停用这个服务,所有依存于它的服务将无法启动。

补充:一般家用计算机根本不需要传送或接收计算机系统管理里的警示(Administrative Alerts),除非该用户的计算机用在局域网络上。

依存:Workstation。

建议:已停用。

(2)Service

微软:提供因特网联机共享和因特网联机防火墙的第三方通信协议插件的支持。

补充:如果用户不使用因特网联机共享(ICS)提供多台计算机的因特网存取和因特网联机防火墙(ICF)软件,用户可以关掉。

依存:Internt Connection Firewall (ICF)/Internet Connection Sharing (ICS)。

建议:已停用。

(3)Application Management(应用程序管理)

微软:提供指派、发行,以及移除的软件安装服务。

补充:如上所述软件安装变更的服务。

建议:手动。

(4)Automatic Updates

微软:启用重要 Windows 更新的下载及安装。如果停用此服务,可以手动地从 Windows Update 网站上更新操作系统。

补充:允许 Windows 于背景自动联机之下,到 Microsoft Servers 自动检查和下载更新修补程序。

建议:已停用。

(5)Background Intelligent Transfer Service

微软:使用闲置的网络频宽来传输数据。

补充:经由 ViaHTTP1.1 在背景传输东西,例如 Windows Update 就是以此为工作任务之一的。

依存:Remote Procedure Call(RPC)和 Workstation。

建议:已停用。

(6)ClipBook(剪贴簿)

微软:启用剪贴簿检视器以储存信息并与远程计算机共享。如果这个服务被停止,剪贴簿检视器将无法与远程计算机共享信息。如果这个服务被停用,任何明确依存于它的服务都将无法启动。

补充:将剪贴簿内的信息和其他计算机分享,一般的家用计算机根本用不到。

依存:Network DDE。

建议:已停用。

(7)COM+Event System(COM+事件系统)

微软:支持"系统事件通知服务(SENS)",它可让事件自动分散到订阅的 COM 组件。如果服务被停止,SENS 会关闭,并无法提供登入及注销通知。如果此服务被停用,任何明显依存它的服务都无法启动。

补充:有些程序可能用到 COM+组件,像 BootVis 的 optimize system 应用,如事件检视器内显示的 DCOM 没有启用。

依存:Remote Procedure Call(RPC)和 System Event Notification。

建议:手动。

(8)COM+System Application

微软:管理 COM+组件的设定及追踪。如果停止此服务,大部分的 COM+组件将无法适当运行。如果此服务被停用,任何明确依存于它的服务都将无法启动。

补充:如果 COM+Event System 是一台车,那么 COM+System Application 就是司机,如事件检视器内显示的 DCOM 没有启用。

依存:Remote Procedure Call (RPC)。

建议:手动。

(9)Computer Browser(计算机浏览器)

微软:维护网络上更新的计算机清单,并将这个清单提供给作为浏览器的计算机。如果停止这个服务,这个清单将不会被更新或维护。如果停用这个服务,所有依存于它的服务都将无法启动。

补充:一般家用计算机不需要,除非用户的计算机应用在区域网之上,不过在大型的区域网上有必要使用这个降低速度吗?

依存:Server 和 Workstation。

建议:已停用。

(10)Cryptographic Services

微软:提供 3 个管理服务。确认 Windows 档案签章的"类别目录数据库服务";从这个计算机新增及移除受信任根凭证授权凭证的"受保护的根目录服务";以及协助注册这个计算机以取得凭证的"金钥服务"。如果这个服务被停止,这些管理服务将无法正确工作。如果这个服务被停用,任何明确依存于它的服务都将无法启动。

补充:简单来说就是 Windows Hardware Quality Lab(WHQL)微软的一种认证,如果你

有使用 Automatic Updates,那你可能需要 Cryptographic Services 这个服务。

依存:Remote Procedure Call (RPC)。

建议:手动。

(11)DHCP Client(DHCP 客户端)

微软:通过登录及更新 IP 地址和 DNS 名称来管理网络设定。

补充:使用 DSL/Cable、ICS 和 IPSEC 的人都需要使用 DHCP Client 来指定动态 IP。

依存:AFD 网络支持环境、NetBT、SYMTDI、TCP/IP Protocol Driver 和 NetBios over TCP/IP。

建议:手动 Distributed Link Tracking Client(分布式连接追踪客户端)微软:维护计算机中或网络区域不同计算机中 NTFS 档案间的连接。

(12)DNS Client(DNS 客户端)

微软:解析并快取这台计算机的网域名称系统(DNS)名称。如果停止此服务,这台计算机将无法解析 DNS 名称并寻找 Active Directory 网域控制站的位置。如果停用此服务,所有依存于它的服务都将无法启动。

补充:如上所述,另外 IPSEC 需要用到。

依存:TCP/IP Protocol Driver。

建议:手动。

(13)Error Reporting Service

微软:允许对执行于非标准环境中的服务和应用程序的错误报告。

补充:微软的应用程序错误报告。

依存:Remote Procedure Call (RPC)。

建议:已停用。

(14)Event Log(事件记录文件)

微软:启用 Windows 为主的程序和组件所发出的事件信息可以在事件检视器中检视,并且该服务不能被停止。

补充:允许事件信息显示在事件检视器之上。

依存:Windows Management Instrumentation。

建议:自动。

(15)Fast User Switching Compatibility

微软:在多使用者环境下提供应用程序管理。

补充:注销画面中的切换用户功能。

依存:Terminal Services。

建议:手动。

(16)IMAPI CD-Burning COM Service

微软:使用 Image Mastering Applications Programming Interface(IMAPI)来管理光盘录制。如果这个服务被停止,这台计算机将无法录制光盘。如果这个服务被停用,任何明确依存于它的服务都将无法启动。

补充:Windows XP 整合的 CD-R 和 CD-RW 光驱上拖放的烧录功能,虽然比不上烧录软件,但关掉还可以加快 Nero 的开启速度。

建议:已停用。

(17) Indexing Service(索引服务)

微软:本机和远程计算机的索引内容和档案属性;通过弹性的查询语言提供快速档案存取。

补充:简单地说可以让用户加快搜查速度,但是其进行索引时用户会发现速度很慢。好用的搜索软件很多,如 Everything。

依存:Remote Procedure Call(RPC)。

建议:已停用 Internet Connection Firewall(ICF)/Internet Connection Sharing(ICS)

微软:为您的家用网络或小型办公室网络提供网络地址转译、寻址及名称解析服务和/或防止干扰的服务。

(18) IPSEC Services(IP 安全性服务)

微软:管理 IP 安全性原则并启动 ISAKMP/Oakley(IKE)及 IP 安全性驱动程序。

补充:协助保护经由网络传送的数据。IPSec 为一重要环节,为虚拟私人网络(VPN)中提供安全性,而 VPN 允许组织经由互联网安全地传输数据。在某些网域上也许需要,但是一般使用者是不太需要的。

依存:IPSEC driver、Remote Procedure Call(RPC)、TCP/IP Protocol Driver。

建议:手动。

(19) Logical Disk Manager(逻辑磁盘管理员)

微软:侦测及监视新硬盘磁盘,以及传送磁盘区信息到逻辑磁盘管理系统管理服务以供设定。如果这个服务被停止,动态磁盘状态和设定信息可能会过时。如果这个服务被停用,任何明确依存于它的服务将都无法启动。

补充:磁盘管理员用来动态管理磁盘,如显示磁盘可用空间等和使用 Microsoft Management Console(MMC)控制台的功能。

依存:Plug and Play、Remote Procedure Call(RPC)、Logical Disk Manager Administrative Service。

建议:自动 Logical Disk Manager Administrative Service(逻辑磁盘管理员系统管理服务)。

微软:设定硬盘磁盘及磁盘区,服务只执行设定程序后就停止。

(20) Messenger(信差)

微软:在客户端及服务器之间传输网络传送及"Alerter"服务信息。这个服务与 Windows Messenger 无关。如果停止这个服务,Alerter 信息将不会被传输。如果停用这个服务,所有依存于它的服务都将无法启动。

补充:允许网络之间互相传送提示信息的功能,如 net send 功能,如不想被骚扰的话可关闭。

依存:NetBIOS Interface、Plug and Play、Remote Procedure Call(RPC)、Workstation。

建议:已停用。

(21)MS Software Shadow Copy Provider

微软:管理磁盘区阴影复制服务所取得的以软件为主的磁盘区阴影复制。如果停止此服务,就无法管理以软件为主的磁盘区阴影复制。如果停用这个服务,任何明确依存于它的服务都将无法启动。

补充:如上所述,用来备份的东西,如 MS Backup 程序就需要这个服务。

依存:Remote Procedure Call(RPC)。

建议:已停用。

(22)Net Logon

微软:支持网域上计算机的账户登录事件的 pass-through 验证。

补充:一般家用计算机不太可能去用到登录网域审查这个服务。

依存:Workstation。

建议:已停用 NetMeeting Remote Desktop Sharing(NetMeeting 远程桌面共享)

微软:让经过授权的使用者可以使用 NetMeeting 通过公司近端内部网络,由远程访问这部计算机。如果停止这项服务,远程桌面共享功能将无法使用。如果停用此服务,任何依赖它的服务将无法启动。

(23)Network Connections(网络联机)

微软:管理在网络和拨号联机数据夹中的对象,用户可以在此数据夹中检视局域网络和远程联机。

补充:控制用户的网络联机。

依存:Remote Procedure Call(RPC)、Internet Connection Firewall (ICF)/Internet Connection Sharing(ICS)。

建议:手动。

(24)Network DDE(网络 DDE)

微软:为动态数据交换(DDE)对在相同或不同计算机上执行的程序提供网络传输和安全性。如果这个服务被停止,DDE 传输和安全性将无法使用。如果这个服务被停用,任何明确依存于它的服务将无法启动。

补充:一般用户使用不到。

依存:Network DDE DSDM、ClipBook。

建议:已停用。

(25)Network DDE DSDM(网络 DDE DSDM)

微软:信息动态数据交换(DDE)网络共享。如果这个服务被停止,DDE 网络共享将无法使用。如果这个服务被停用,任何明确依存于它的服务将无法启动。

补充:一般用户使用不到。

依存:Network DDE。

建议:已停用。

(26)Network Location Awareness(NLA)

微软:收集并存放网络设定和位置信息,并且在这个信息变更时通知应用程序。

补充:如果不使用 ICF 和 ICS 可以关闭。

依存：AFD 网络支持环境、TCP/IP Procotol Driver、Internet Connection Firewall(ICF)/Internet Connection Sharing(ICS)。

建议：已停用 NT LM Security Support Provider(NTLM 安全性支持提供者)。

微软：为没有使用命名管道传输的远程过程调用(RPC)程序提供安全保障。

(27) Plug and Play(随插随用)

微软：启用计算机以使用者没有或很少输入来识别及适应硬件变更，停止或停用这个服务将导致系统不稳定。

补充：顾名思义就是 PNP 环境。

依存：Logical Disk Manager、Logical Disk Manager Administrative Service、Messenger、Smart Card、Telephony、Windows Audio。

建议：自动。

(28) Portable Media Serial Number

微软：Retrieves the serial number of any portable music player connected to your computer。

补充：通过联机计算机重新取得任何音乐播放序号。没什么价值的服务。

建议：已停用。

(29) Print Spooler(打印多任务缓冲处理器)

微软：将档案加载内存中以待稍后打印。

补充：如果没有打印机，可以关闭。

依存：Remote Procedure Call(RPC)。

建议：已停用。

(30) Protected Storage(受保护的存放装置)

微软：提供受保护的存放区，来储存私密金钥这类敏感数据，防止未授权的服务、处理或使用者进行存取。

补充：用来储存用户计算机上密码的服务，如 Outlook、拨号程序、其他应用程序、主从架构等。

依存：Remote Procedure Call(RPC)。

建议：自动。

(31) QoS RSVP(QoS 许可控制，RSVP)

微软：提供网络信号及区域流量控制安装功能给可识别 QoS 的程序和控制小程序项。

补充：用来保留 20%频宽的服务，如果用户的网络卡不支持 802.1p 或在用户计算机的网域上没有 ACS server，即可关闭。

依存：AFD 网络支持环境、TCP/IP Procotol Driver、Remote Procedure Call(RPC)。

建议：已停用 Remote Access Auto Connection Manager(远程访问自动联机管理员)。

微软：当程序参照到远程 DNS 或 NetBIOS 名称或地址时，建立远程网络的联机。

(32) Remote Access Connection Manager(远程访问联机管理员)

微软：建立网络联机。

补充：联网用，不是单机用户可使用。

依存：Telephony、Internet Connection Firewall(ICF)/Internet Connection Sharing(ICS)、

Remote Access Auto Connection Manager。

建议：自动。

通常用户反映开机慢，指的就是载入操作系统至完成系统载入这段时间过长，目前大多数用户都会安装一些管理软件来监控开机时间，图 4.111 所示为 360 开机小助手界面。

比较简单的方法是使用一些电脑优化软件进行管理，将不必要的开机程序或者服务关闭。目前国内这方面的软件基本上都是免费的，操作也相对简单，此项目在功能上的差别也不大；这里就不再赘述。用户比较关心的是某些用户处于安全上的考虑不是很希望安装这些软件，或者当时正巧无法取得相关软件的情况下应该怎么办呢？当开机完成之后用户可以在运行窗口内输入 msconfig 命令（Windows 7 在开始菜单运行对话框中输入命令，Windows 8 可使用“Win+R”的方式进入）。

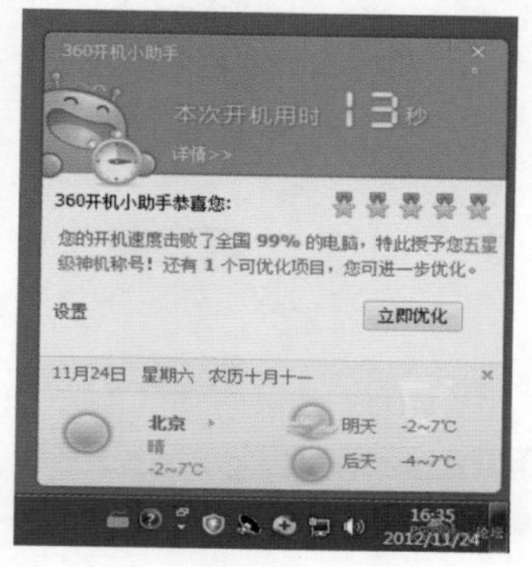

图 4.111

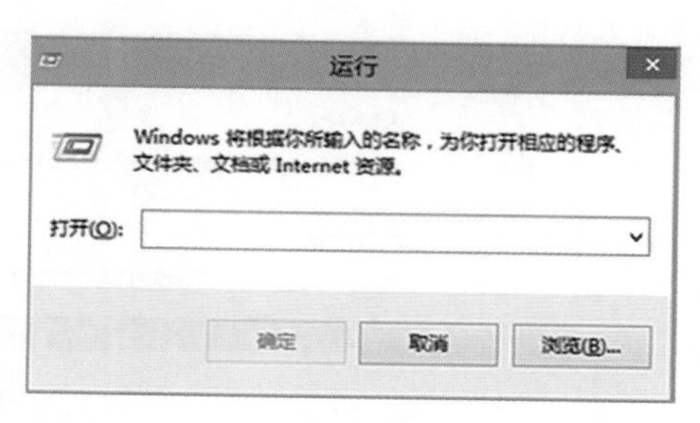

图 4.112

运行之后出现如图 4.113 所示界面，然后再根据用户的需求进行设定即可。（图 4.112 所示为 Windows 8 的系统配置实用工具界面，各版本的 Windows 系统配置实用工具界面会稍有不同）

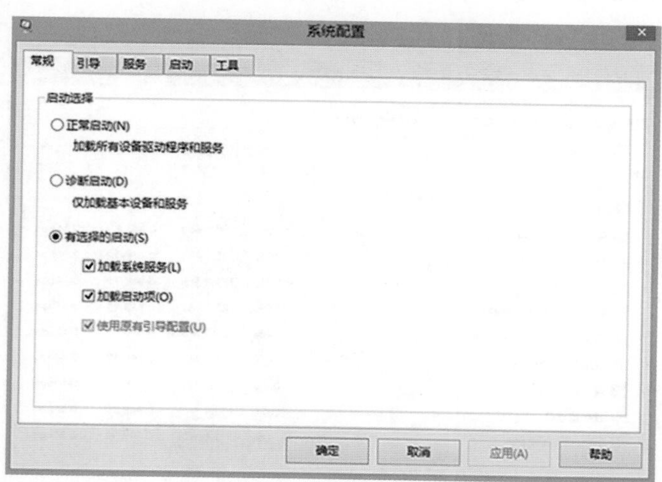

图 4.113

3.使用中运行速度慢或应用程序（如游戏）速度慢

遇到此类问题时就有一个到底慢不慢，如果慢，慢多少的问题了。通常要确认上述问题需要找一些测试软件来对电脑的速度进行测量，常见的测速软件有 3DMark、PC Mark、SISoft Ware、鲁大师等；比较推荐的是鲁大师，一方面是中文界面大家都比较熟悉；另一方面是免费软件不会有版权问题，如图 4.114 所示。

图 4.114

测试完成后用户可以将其得分进行对比，如果和相同平台差距很大，则说明电脑确实存在故障。在确定故障之后用户基本上首先考虑的是排除病毒以及木马的影响，再看看系统补丁是否完善，BIOS 及驱动程序是否为最新版本。上述这些其实更多的是要求使用者自身有良好的操作习惯。如果在确保以上条件正常的情况下，用户需要做的是打开任务管理器并观察，如图 4.115 所示。

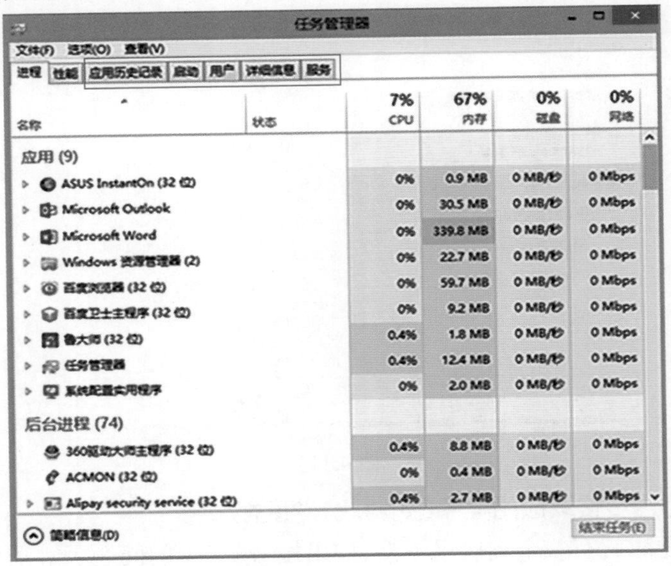

图 4.115

另外需要看一下系统资源的耗用情况。在不运行应用程序的情况下,CPU 占用率一般应小于 10%;内存占用率一般应小于 80%;硬盘和网络资源的占用率一般应小于 2%。如果有异常可以通过任务管理器查看占用率高的程序和进程是什么,尤其要注意一些比较不常见的进程。如果觉得有疑问可以通过网络查询进程的名称是否异常。需要说明一下,在 Windows XP 时代,通常用户还需要做一件事情,即磁盘整理。而在 Windows 7&8 时代这一步基本可以省略,原因是目前使用的硬盘分区基本都是 NTFS 而不是原来的 FAT32。NTFS 分区一般为动态调整,故无须特别进行磁盘整理。

如果排除软件方面的故障则需要进行硬件方面的排查。一般来说,如果是硬件问题导致系统慢,50%以上都是由硬盘造成的,随着硬盘使用时间的增长,硬盘的读写速度和响应时间会变慢,甚至产生坏道,这时就要建议用户进行磁盘的更换。

图 4.116

图 4.116 所示为鲁大师磁盘扫描工具,可以给用户一个比较直观的检测结果。

除磁盘之外,内存的损坏也比较容易造成系统运行慢的情况发生,不过通常情况下内存的损坏表现出来的故障现象更多的是死机、蓝屏等不稳定现象,所以大多数情况下用户可以通过系统中内存的容量是否与用户购买的是容量一致来判断。如果测试结果是内存问题,那么很有可能是主板故障。当然用户手里有现成的内存条/卡也可以用替换法尝试一下。

第六节　温度高

1.笔记本电脑散热分析

(1)故障现象

①系统无故变慢。使用中感觉系统无故变慢,如运行程序打开速度突然变慢、玩游戏的进度发生异常停顿等,这些都可能是某个部件温度超标后出现降频延时自保的反应。因此,系统突然变慢很可能是CPU、北桥等芯片发出高温预警的信号。

②电脑突然死机:电脑在使用中一切正常,但突然黑屏死机或者重启,这个症状是CPU过热,切断电源的反应,这是散热不好最显著的迹象。

③机身、散热出风口、键盘手托剧烫无比甚至出现焦味,这种情况也经常发生,如果突然出现焦味而电脑还在正常运行时,很有可能是温控保护系统出现了故障,如果再不实施人工断电的话很有可能导致CPU烧毁。

(2)原因分析

毫无疑问,笔记本的CPU是最大的发热源之一。随着CPU的不断升级,笔记本电脑运行的速度越来越快,发热量也就越来越大了。一般解决CPU散热的方法就是热管散热加散热片,这样做的好处是散热效率高并且风扇能随着温度高低而调节。

由于笔记本性能的不断提升,显卡的配置越来越高,笔记本的显卡发热量也成为一大热源,早期的笔记本,目前的上网本、商务笔记本等"小本",由于大多为集成显卡或性能较低,发热量并不是很大;而高端机,特别是游戏本的显卡发热量甚至超过CPU的发热量。

其他常规硬件,如内存、硬盘、电池等,也是笔记本发热量的一些来源。

(3)解决方法

给笔记本加散热底座:笔记本电脑散热底座的基本原理是在笔记本底部设置高转速风扇,而散热底座的材质通常是热传导性良好的金属,通过空气流通和巨大金属散热片的散热为笔记本电脑进行降温。现在市场上各式各样的散热底座都有,大家可以根据实际情况选购。

给笔记本电脑创造尽可能好的散热环境:笔记本电脑散热主要是靠笔记本电脑内部的散热器和风扇散热,一般笔记本电脑都在其底部留有进风口,在安装风扇的地方留有出风口,这样就形成了一个空气循环来为笔记本降温,所以大家在使用笔记本时,不要让其他物品影响空气的进入和抽出,大家可以垫高笔记本电脑,这样有利于其散热。请切记,不要在使用笔记本电脑时堵塞出风口,尤其注意不要在柔软的床上或者垫子上使用笔记本电脑,在软垫上使用会堵塞笔记本电脑底部的风口,会使笔记本电脑温度骤升!笔记本电脑使用久了,必然会有很多灰尘和毛絮进入笔记本电脑内部,这也会影响到笔记本电脑内的空气循环,所以当用户发现自己的笔记本电脑散热风扇噪声越来越大时,就要及时清理笔记本电脑内部和风扇上面的灰尘,这样不但有利于散热,还可以降低笔记本电脑的噪声。

2.笔记本电脑过热的维修流程

①进入BIOS查看Hardware Monitor中CPU温度是否呈现深红色。

②现在的笔记本电脑有电源管理软件，至少要用“平衡模式”来运行，否则低性能运行大程序同样容易产生高温，如图 4.117 所示。

图 4.117

③如果需要温度过高时有提醒，可以安装鲁大师等软件，如图 4.118 所示。

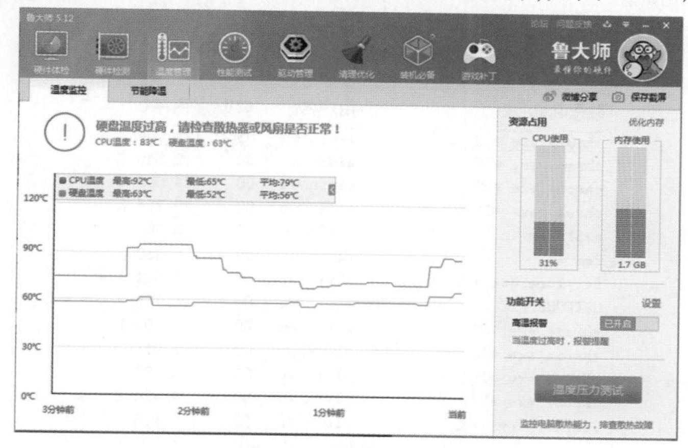

图 4.118

④尝试 Windows PE 系统时温度是否过高。若正常，备份硬盘并重新安装系统。

⑤确保风扇口没有灰尘，若有灰尘的话，在电脑盖子打开的情况下用刷子刷几下；如果风扇灰尘过多，则建议用专用的压缩空气喷剂在关机状态下拆开面板清理风扇，如图 4.119所示。

图 4.119

⑥如果用户将电脑放在床上使用，切记要在风扇底下放本书，保证风扇口不要被用户的被子等堵住了，如图 4.120 所示。

图 4.120

⑦当噪声很大时，应该是很多电脑程序在运行，或程序运行不顺畅等，导致风扇也调整运转产生高温和噪声，此时应该清理内存或关闭一些程序和窗口，如图 4.121 所示。

应用程序 | 进程 | 服务 | 性能 | 联网 | 用户

映像名称	用户名	CPU	内存(...
chrome.exe *32	elvin.wu	05	121,664 K
chrome.exe *32	elvin.wu	00	72,840 K
chrome.exe *32	elvin.wu	00	34,088 K
chrome.exe *32	elvin.wu	00	29,796 K
explorer.exe	elvin.wu	00	26,564 K
dwm.exe	elvin.wu	00	17,460 K
iexplore.exe *32	elvin.wu	00	16,624 K
OUTLOOK.EXE	elvin.wu	00	11,768 K
chrome.exe *32	elvin.wu	00	11,396 K
chrome.exe *32	elvin.wu	00	9,016 K
chrome.exe *32	elvin.wu	00	6,268 K
chrome.exe *32	elvin.wu	00	4,424 K
iexplore.exe *32	elvin.wu	00	4,168 K

图 4.121

⑧重启电脑，释放程序和内存后 CPU 风扇可能会降下来。

⑨或者接一个 USB 的散热底座，不过要注意的是散热底座扇片越多，散热效果越好，但噪声越大。另外若风扇的噪声大，散热效果不好，则可以试着更换风扇，如图 4.122 所示。

图 4.122

⑩若温度仍持续过高，则拆机更换主板。

3.过热实例

(1)故障现象

电脑运行中出现自动重启或异常关机。

(2)原因分析

一般是由于温度过高、电脑感染恶意程序导致的。

(3)解决方案

方案一：硬件大师查看温度

打开“360 安全卫士”→“功能大全”→“硬件大师”→“温度监测”，查看温度，如果有红色显示，或者 360 硬件大师发出警报声音建议检测机器散热情况，如图 4.123、图 4.124 所示。

图 4.123

图 4.124

计算机温度高一般都是因机器内部散热不良导致的，如图4.125所示。建议除尘、添加散热硅脂。没有拆机经验的用户建议谨慎操作，防止操作不当导致硬件损伤造成不必要的经济损失。

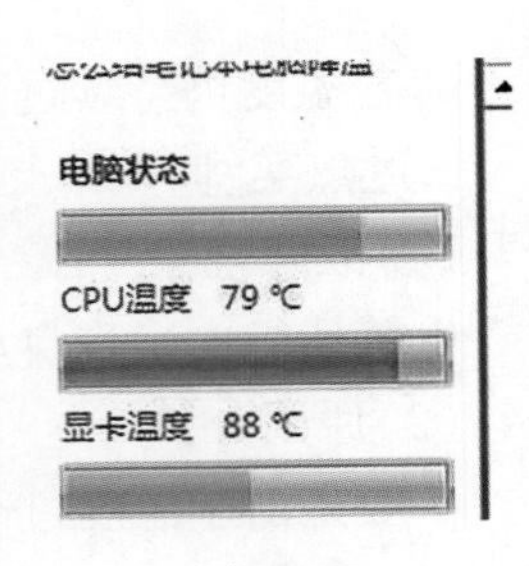

图 4.125

方案二：硬件损坏

如果以上方法无效，建议重新安装操作系统进行测试。如果温度正常，操作系统也重新安装过，问题依旧，可能引起自动关机重启的原因是硬件导致的电源出现故障引起供电不足频繁的重启关机或者是主板电容有问题所致，建议到硬件维修站进行检测并更换硬件。

第七节　充电问题

充电故障分为：充不上电，充电过慢，充电不满。

1.充不上电

（1）故障现象

插上电源后，充电图标无电量增加，如图 4.126 所示。

图 4.126

（2）原因分析

电池属于易耗品，即便使用 1~2 年也会出现老化。

（3）排查思路

①检查适配器的接线是否接触良好，适配器指示灯是否亮起，将适配器接到其他同类型的机器上验证。

②询问电池的使用时间，使用同类机器验证电池是否可以充电。

③使用软件检测电池充放电是否正常。

④刷新主板 BIOS 验证。

⑤更换主板验证。

2.充电过慢

（1）故障现象

充电慢。

（2）原因分析

一般的笔记本电脑电池通常在 2~3 h 可以充满。

（3）排查思路

①适配器型号是否正确，是否功率过低，如图 4.127 所示。

图 4.127

②询问电池的使用时间,使用同类机器验证电池是否可以充电。

③完全充放电一次看电池是否能够矫正,若仍不正常则更换电池验证。

④更新主板 BIOS 验证。

第五章　设备故障

教学目标：

1.学会键盘、鼠标、触摸板故障的排查方法。

2.学会显卡、声卡、网路故障的排查方法。

3.学会存储设备及其他外设故障的排查方法。

第一节　键盘、鼠标、触摸板故障

1.键盘、鼠标故障

键盘是最常用也是最主要的输入设备，通过键盘可以将英文字母、数字、标点符号等输入到计算机中，从而向计算机发出命令、输入数据等。

PC XT/AT 时代的键盘主要以 83 键为主并且延续了相当长一段时间，但随着视窗系统的流行已经被淘汰，取而代之的是 101 键和 104 键键盘，并占据市场的主流地位，当然其间也曾出现过 102 键、103 键的键盘，但由于推广不善，都只是昙花一现。近年紧接着 104 键键盘出现的是新兴多媒体键盘，其在传统的键盘基础上又增加了不少常用快捷键或音量调节装置，使 PC 操作进一步简化，对于收发电子邮件、打开浏览器软件、启动多媒体播放器等都只需要按一个特殊按键即可，同时在外形上也做了重大改善，着重体现了键盘的个性化。起初这类键盘多用于品牌机，如 HP、联想等品牌机都率先采用了这类键盘，受到广泛的好评，并曾一度被视为品牌机的特色。随着时间的推移，市场上也渐渐出现了独立的具有各种快捷功能的产品单独出售，并带有专用的驱动和设定软件，在兼容机上也能实现个性化的操作。

导致“电脑开机时搜索不到键盘”的因素有很多，如连接不牢固、键盘接口损坏、线路有问题、主板损坏等，但主要的问题几乎都是在连接上（概率在 60%左右）。对于这类故障用户通常采用的方法是先关机，然后拔掉键盘接头，再用力插进主板上的键盘接口。

鼠标是计算机输入设备的简称，分为有线和无线两种，也是计算机显示系统纵横坐标定位的指示器，因形似老鼠而得名“鼠标”。“鼠标”的标准称呼应该是“鼠标器”，英文名为“Mouse”。鼠标的使用是为了使计算机的操作更加简便，来代替键盘烦琐的指令。

使用鼠标进行操作时应小心谨慎，不正确的使用方法将损坏鼠标，使用鼠标时应注意下述几点。

①避免在衣物、报纸、地毯、糙木等光洁度不高的表面使用鼠标。

②禁止磕碰鼠标。

③鼠标不宜放在盒中被移动。

④禁止在高温强光下使用鼠标。

⑤禁止将鼠标放入液体中。

1)键盘无反应故障排查

(1)故障现象

目前常见的键盘接口类型为 PS2(用于台式主机,不支持热插拔),USB(支持热插拔)和无线键盘。常见故障为键盘无反应,键位错误,单个键不能使用。

(2)原因分析

键盘快捷键锁定,键盘损坏。

(3)排查思路

①笔记本电脑需查看是否 FN+NUM LK/MUN LOCK 锁定了键盘字母输入。

②台式计算机检查键盘连接是否正确,紫色接口连接键盘,如图 5.1 所示。

图 5.1

③台式计算机将键盘连接到其他电脑,看是否能使用。若键盘正常,更换主板;笔记本电脑需清除 CMOS 并刷新 BIOS。

④单个键位不能用,拆开键帽,清理灰尘看能否使用,如图 5.2 所示。若不行,更换键盘。

图 5.2

2)有线鼠标无反应故障排查

(1)故障现象

目前常见的鼠标接口类型为 PS2(用于台式主机,不支持热插拔),USB(支持热插拔)以及无线鼠标。常见故障为鼠标无反应。

(2)原因分析

鼠标或鼠标接口损坏。

(3)排查思路

①笔记本电脑需查看 USB 鼠标连接是否正确,看看是否是接口问题。笔记本电脑的 USB 接口不止一个,可以尝试更换其他的 USB 接口,如果是接口问题,更换 USB 接口即可解决问题。

②台式计算机检查鼠标连接是否正确,绿色接口应连接鼠标,如图 5.3 所示。

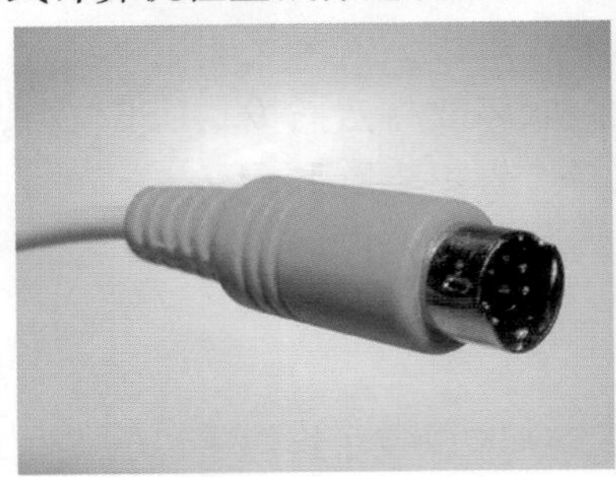

图 5.3

③可以更换一个新的鼠标,看看是否会出现同样的问题,如果不会,那么就是原来鼠标出现了问题,维修或者更换就能解决问题。若鼠标正常,笔记本电脑需清除 CMOS 并刷新 BIOS,更换主板。

④若鼠标不灵敏,按照如下方法拆开鼠标,对鼠标触点做清洁。

首先将鼠标拆开,在这个过程中不要损伤鼠标的外壳,不少鼠标的螺丝位于商标或者脚垫下面,一定要在确认所有螺丝取下后才开始取下鼠标的外壳,如图 5.4 所示。

接下来找到发生故障的微动开关,这在鼠标按键对应的地方,很容易找到,有的微动开关是长方形的,而有的是圆形的,不过结构都大同小异,如图 5.5 所示。

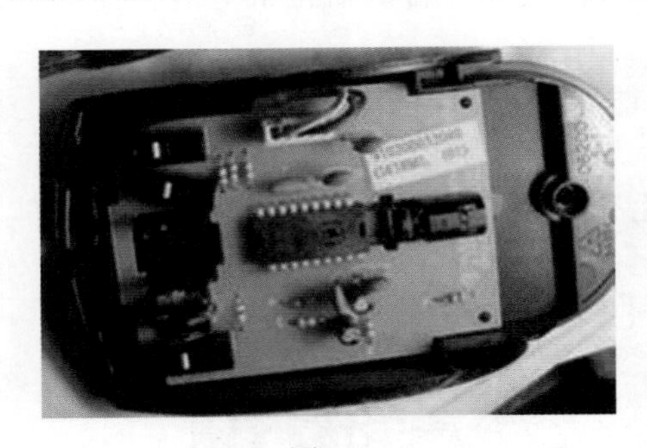

图 5.4

图 5.5

将微动开关拆开来,这时可以使用一把锋利的美工刀。首先观察微动开关的外部,看看卡扣在哪个位置。微动开关一般分为上下两个部分,之间通过卡扣连接,而缝隙非常小,所以要利用美工刀。找准卡扣的位置后,将刀刃插入缝隙,将微动开关的上面部分撬下来,这个过程尽量不要损坏卡扣,如图 5.6 所示。

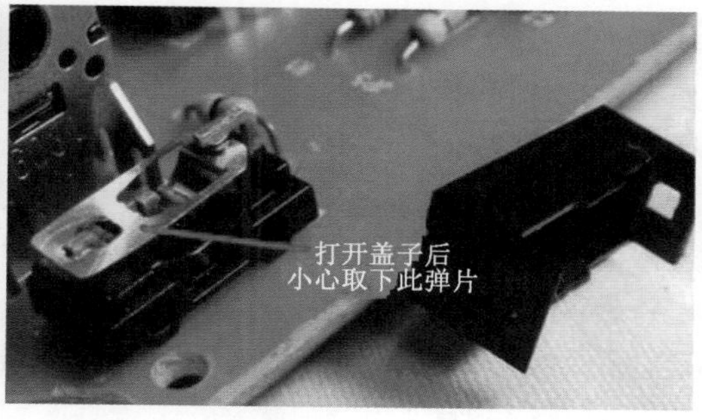

图 5.6

取下上盖后，就可以看到微动开关的内部结构了，比如方形微动，首先可以看到一块弹片，这时候可以小心取下这块弹片。而圆形微动的结构要稍微复杂一点，里面甚至可能存在弹簧，因此拆解时一定要小心。

取下弹片后，将弹片翻过来就可找到弹片上的触点。可以看到这个触点已经被严重氧化，甚至发黑了，这种情况下触点自然不能很好地传导电流，这就是微动开关失效的原因，如图 5.7 所示。

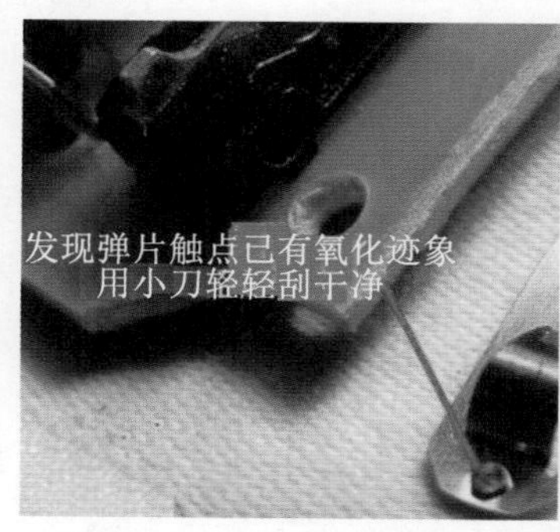

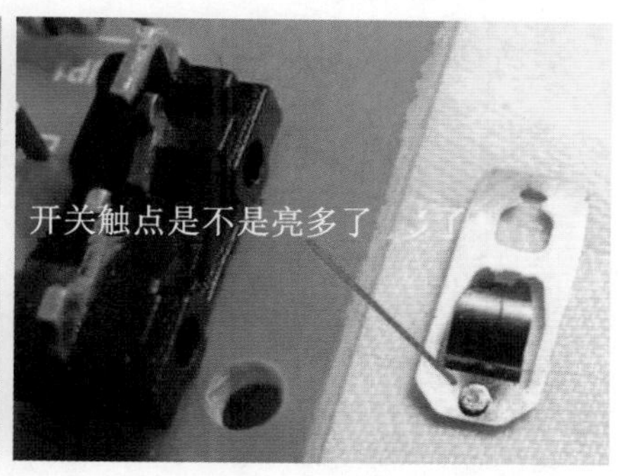

图 5.7

接下来要做的就是将这个触点打磨干净，可以用比较细的砂纸，如果找不到也可以直接用美工刀将上面的氧化层刮去。之后可以检查一下微动开关内部是否还有灰尘或者其他发生氧化的地方，也可以一并处理。

最后就是复原工作了，将拆开的这些弹片或者零件重新装上，然后将微动开关的上盖盖上即可，如果在开始的拆解过程中卡扣损坏了，可以用一点胶水将上盖粘牢，但不要使用 502 之类的速干胶水，因为其有可能流进微动开关内部粘结零件，最好使用万能胶之类的慢干胶水。

注意：在拆解微动开关时，最好不要将卡扣损坏了，否则后面复原时会遇到更多麻烦。其次微动开关内的组件都非常小，注意不要小心丢失了。最后就是美工刀比较锋利，操作中注意不要伤到自己的手。

3）无线鼠标无反应故障排查

（1）故障现象

无线鼠标失灵。

(2)原因分析

鼠标电量低、USB 接口损毁、接收器损坏、鼠标毁坏、接收器与鼠标配对异常。

(3)排查思路

①无线鼠标的电力出现了问题,用户可以找两节新的电池放进去查看是否为此原因。

②检查 USB 接口是否出现问题,测试其他 USB 接口看鼠标是否也无反应,可使用其他 USB 设备检测。

③将无线鼠标连接到其他电脑看能否使用,若还是不行则确认为无线鼠标问题,检查是否接收器与鼠标配对(对码)异常。

以双飞燕 G3100 鼠标为例

首先,准备一台 USB 接口正常且连有能够正常使用鼠标的电脑用以运行对码软件,然后下载对码程序,这款软件的版本是 v1.1,支持天遥 G3、G5、G7、G9 系列键鼠对码,该软件无须安装,为绿色软件,如图 5.8 所示。

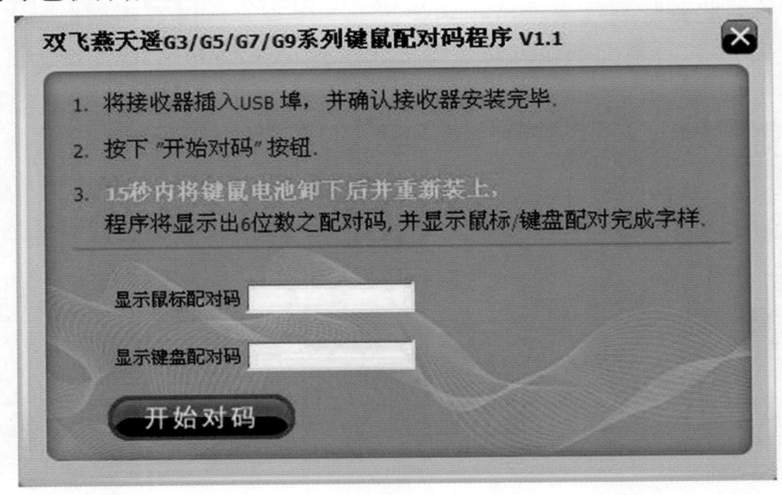

图 5.8

对码时,第一步要将 G3100 鼠标的 USB 接收器插入电脑,等待系统正确识别后,单击对码程序里"开始对码"的按钮,软件便开始对码。这时迅速取出鼠标里的电池,在 15 s 时间内再装上并打开鼠标电源,此时对码程序"显示鼠标配对码"的空格里会显示 6 个配对码,代表配对完成。经过重新对码之后,G3100 终于恢复正常。

在这里,值得给大家说明的是,这个对码程序是双飞燕无线键鼠的通用软件,只要是天遥 G 系列的无线键鼠,均可通过其来实现重新对码。

4)鼠标箭头乱飞故障排查

(1)故障现象

鼠标无法自由控制,鼠标箭头乱跳。

(2)原因分析

该故障多发生在光学鼠标上。光学鼠标在贴近桌面的底座有一个 LED 灯,当移动鼠标时,内部组件读取 LED 灯的连续反射影像,决定鼠标的位置。如果内部组件有故障,就无法读取正确的反射影像,进而造成系统错误判断鼠标位置。因此 LED 灯光能否充分反射给内部光线接收组件是关键。使用者可能会在不同材质的桌面,如贴木纹、玻璃桌等办公桌使用鼠标,这些材质的反射系数有差异,如果遇到反射系数低的桌面,就会出现鼠标不受控制的状况。微软和罗技等厂商推出新型蓝光或激光鼠标,这些鼠标使用蓝光技术或激光技术,可以在许多传统鼠标无法使用的桌面材质上正常使用。

(3)排查思路

①桌面反射系数过低。若是桌面反射系数低,建议使用光学鼠标专用的鼠标垫,如图5.9所示。

图5.9

②将鼠标连接到其他电脑,看故障是否消失,若没有消失,更换蓝光或激光鼠标。

③鼠标机构损坏送修。

5)鼠标箭头突然无法移动故障排查

(1)故障现象

电脑使用中鼠标箭头突然无法移动。

(2)原因分析

鼠标突然不能移动,通常是由于鼠标连接电脑的接头松动、接触不良引起的;其次,若鼠标连线或电脑连接口损坏,也会导致突然无法使用;另外是感染病毒或运行大型程序占用过多的系统资源,使得鼠标突然没有足够的系统资源,因此导致鼠标停顿、延迟、甚至当机。

(3)排查思路

①连接问题,因为鼠标连接出现问题导致鼠标不能用,解决方法是重新插拔鼠标,使连接牢固。如果是PS/2鼠标,则关机后重新插拔,再开机尝试。

②鼠标连线损坏或连接口损坏。若是鼠标线损坏则需要更新一个鼠标。若是怀疑连接口损坏,可以尝试连接其他接口检测。若是PS/2鼠标则需要连接到其他电脑测试。

③系统资源不够。若系统启用过多的程序或大程序,占用过多的系统资源,使鼠标得不到足够的内存,就会导致鼠标停顿、设置延迟关机;建议重启电脑并关闭不必要的程序。

6)无线鼠标按钮无效或对应错误

(1)故障现象

按下鼠标无效或对应动作错误。

(2)原因分析

使用无线鼠标常发生此类故障。

(3)排查思路

①检查无线鼠标的接收器是否与电脑连接好。无线鼠标的电池电量是否充足,尝试更换无线鼠标电池,如图 5.10 所示。

图 5.10

②驱动程序故障:一些多功能鼠标需要安装驱动才能正常工作,否则会出现一些奇怪的故障。

③系统设定错误:从控制面板左右键对调,如图 5.11 所示。

进入控制面板后,单击鼠标,如图 5.12 所示。

图 5.11

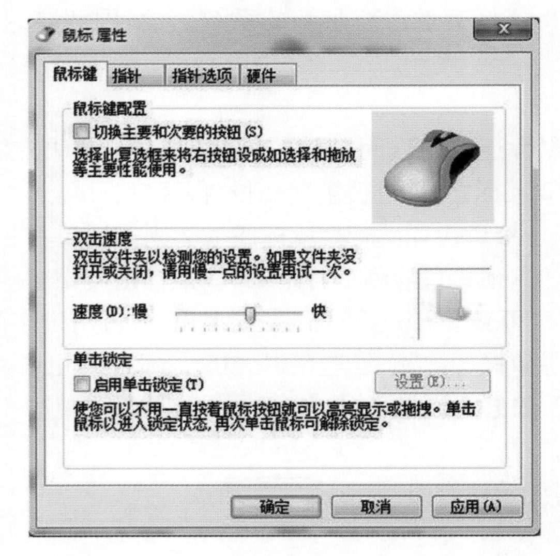

图 5.12

④更换鼠标。

7)无线鼠标不亮故障排查

(1)故障现象

无线鼠标信号灯不亮,无法使用。

(2)原因分析

无线鼠标指示灯不亮说明无线鼠标的供电出现了问题,除了电池没电外还可能是关闭了无线鼠标的电源开关。

(3)排查思路

①关闭开关,将电源开关拨到 ON 的位置,如图 5.13 所示。

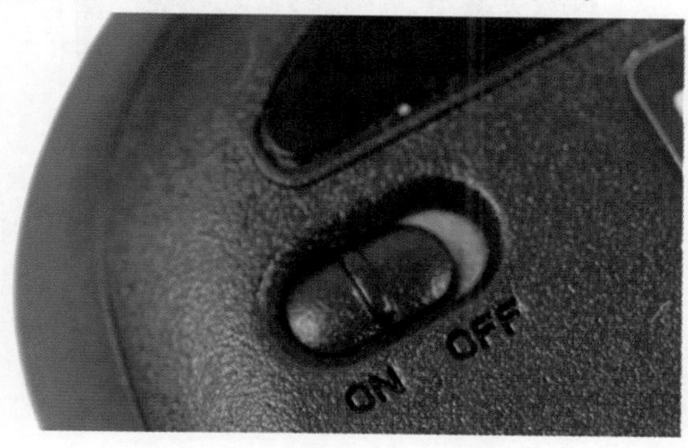

图 5.13

②电池没电,检查电池是否电量耗尽,如图 5.14 所示。

图 5.14

③鼠标硬件故障,送修或更换鼠标。

8)单击鼠标却同时选中了多个图标故障排查

(1)故障现象

本想用鼠标选取一个图标,但是却选中了多个图标。

(2)原因分析

在正常情况下,如果想在操作时一次是选中多个图标,需要按住 Shift 键,然后单击选择其他图标。既然鼠标可以选择图标,说明是鼠标故障的可能性低,代表 Shift 键卡住了。

(3)排查思路

键盘长时间使用后，按键的弹性可能会变差，因此容易发生卡住的问题，一般用手单击即可恢复，如果比较严重，可以拆掉键盘帽，清洁后重新安装，如图 5.15 所示。

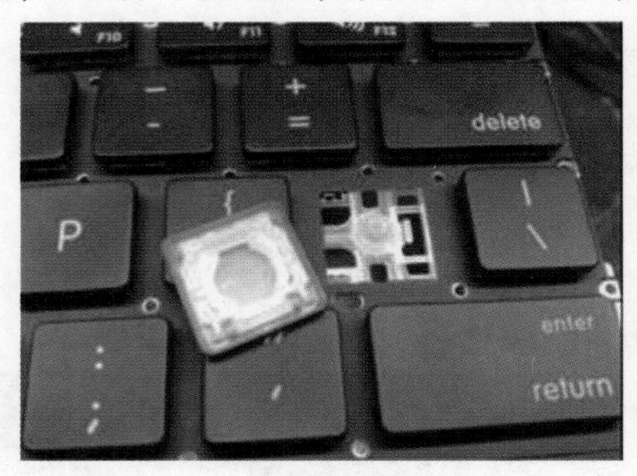

图 5.15

9)鼠标反应过于灵敏故障排查

(1)故障现象

鼠标指针移动过于灵敏，造成使用困难。

(2)原因分析

出现此问题，通常是用户在系统中对鼠标设置误操作。

(3)排查思路

重新设定鼠标移动速度，即可让鼠标恢复正常。进入控制面板，单击鼠标。

在鼠标页，双击页面中速度向慢方向移动，如图 5.16 所示。

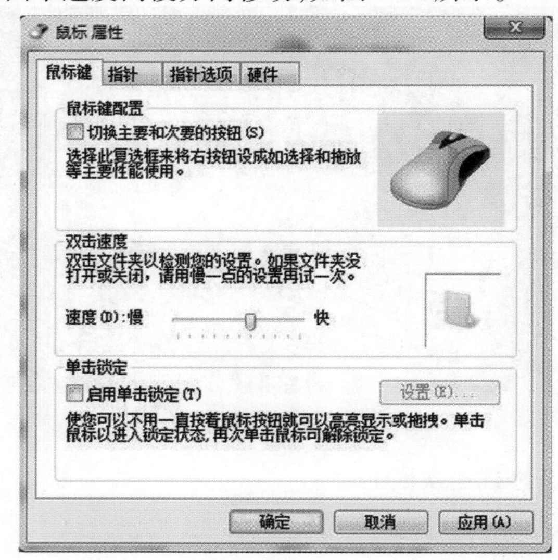

图 5.16

在“指针选项”页面，选择鼠标移动速度向慢的方向调整，如图 5.17 所示。

10)双击程序图标无法打开程序故障排查

(1)故障现象

正常双击图标，即可打开程序。但不知什么原因，双击图标突然无法打开程序。

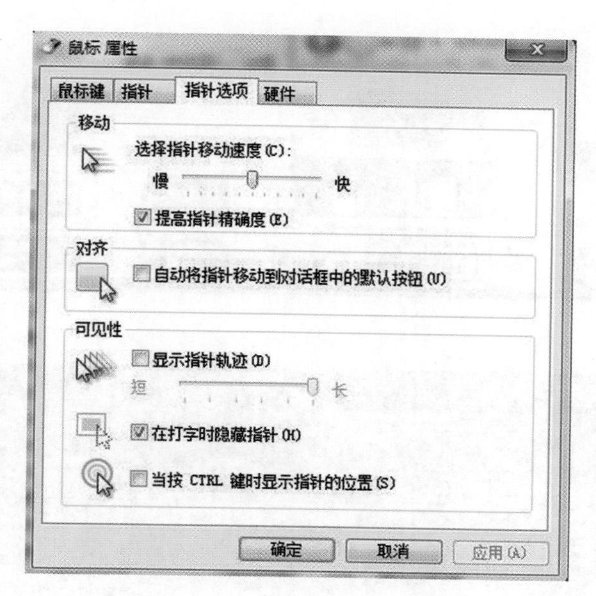

图 5.17

(2)原因分析

系统设定的双击间隔太短或用户双击的速度过慢,系统无法判断是双击动作,只辨别为两次单独的动作;程序自身故障,尝试重新安装程序;有些病毒也会导致无法启动程序。

(3)排查思路

①系统设定问题:若系统设定的双击间隔过短,可参考前面的问题调整鼠标的双击间隔时间。

②程序问题:尝试重新安装程序。

③病毒问题:有些病毒文件也会导致鼠标无法双击,需要进行全盘杀毒。

④若鼠标在其他电脑上有相同故障,则可判定为鼠标问题,需要维修或更换。

11)BIOS 无法侦测到键盘故障排查

(1)故障现象

开机无法使用键盘,而且从电脑中找不到键盘。

(2)原因分析

这种情况可能是键盘连接头连接到 PS/2 的鼠标接口,也可能是接口断针,或主机的接口损坏,或是 BIOS 中未启用 USB 键盘支持功能。

(3)排查思路

①检查 PS/2 键盘接头是否有断针,检查主机的键盘口是否连接正确,主机接口是否损坏,如图 5.18 所示。

②BIOS 设定问题:若 BIOS 中禁用了 USB,则进入 BIOS 页面,选择"SETTINGS"选项选择"Advanced"选项,选择"USB Configuartion"选项。将"USB Controller""Legacy USB Support""Onboard USB 3.0 Controller"全部设定为"Enable",如图 5.19 所示。

图 5.18

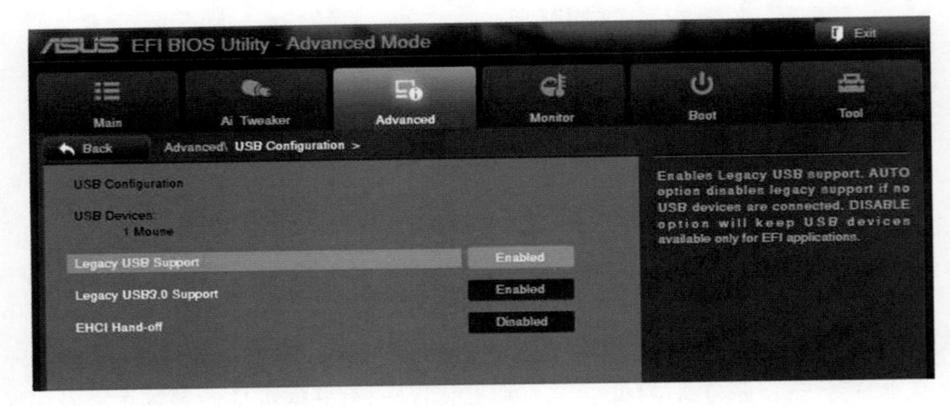

图 5.19

12)键盘进液不灵敏故障排查

(1)故障现象

不小心导致键盘进液。由于键盘内部的电路板短路,可能会导致键位混乱。

(2)原因分析

进液短路。

(3)排查思路

键盘进液,如果时间太久会使内部电路腐蚀,就很难修复。如果时间短,那么应将键盘倒扣,尽量让液体流出,然后用电吹风吹干键盘,或在太阳下暴晒一段时间。如是含糖的饮料,最好将键帽拆下冲洗,避免键盘黏住,如图 5.20 所示。

图 5.20

13）键盘突然失灵故障排查

（1）故障现象

使用中键盘突然失灵。

（2）原因分析

如果使用的是无线键盘，可能是键盘没电。如果是USB或PS/2键盘则可能是连接不良。

（3）排查思路

①无线键盘更换电池，并重新连接，如图5.21所示。

图5.21

②接线不良，则重新连接。

14）快捷键故障排查

（1）故障描述

笔记本快捷键不能使用，组合功能键不能使用。

（2）原因分析

锁键盘、快捷键驱动异常、键盘损坏。

（3）排查思路

①检查是否由于FN+NUM LK/NUM LOCK锁定了键盘字母输入，如图5.22所示。

图5.22

②重新安装功能键驱动及软件。

③尝试清除CMOS和更新BIOS。

④拆机查看快捷键排线是否异常。

2.触摸板故障

触摸板(TouchPad)是一种在平滑的触控板上,利用手指的滑动操作来移动游标的输入装置。当使用者的手指接近触摸板时会使电容量改变,触摸板自身会检测出电容改变量,并转换成坐标。触摸板是借由电容感应来获知手指移动情况,对手指热量并不敏感。其优点在于使用范围较广,全内置、超轻薄笔记本均适用,而且耗电量少,可以提供手写输入功能;因为其是无移动式机构件,使用时可以保证耐久与可靠。

电脑中的零部件和其他电子产品有一定的区别,因为其所有硬件都必须与操作系统进行沟通才能够正常运作,而设备与操作系统核心的关联主要是通过驱动程序。系统能够辨认出触摸板的前提是安装了驱动程序,在全新安装的操作系统中,触摸板都已经具备了一些基本的功能,但是如果想发掘它的全部潜力,就要安装最新的专用驱动程序,还有专用的应用程序,才能够将其性能和功能发挥得淋漓尽致。在机器附带的驱动光盘中,应该都已经有这些程序,但最好到设备制造商的网页上下载最新,并经微软认证过的驱动程序,最大限度地保证性能与稳定性。

1)触摸板无反应故障排查

(1)故障现象

触摸板无反应,使用触摸板不能移动鼠标光标,左右键无响应,如图 5.23 所示。

图 5.23

(2)原因分析

导致触摸板不能用的常见原因有快捷键锁定了触摸板、驱动丢失、硬件故障。

(3)排查思路

①由于触摸板离键盘掌托很近,打字时容易误碰到触摸板,所以笔记本电脑在设计时考虑到用户的使用习惯会设计触摸板的开关键。检查是否通过快捷键锁定了触摸板,如:“Fn+F6”,某些型号在空格键下方有锁触摸板快捷键,如图 5.24 所示。

图 5.24

②开机进入 BIOS,检查 Touch Pad 是否被禁用。客户可能在 BIOS 中误操作关闭了 Touch Pad,或是之前存在硬件冲突关闭了 Touch Pad,如图 5.25 所示。

③设备管理器中 Touch Pad 驱动是否为感叹号或问号,右键卸载并重新安装触摸板驱动程序,如图 5.26 所示。

④拆机重新插拔触摸板。

⑤更换触摸板。

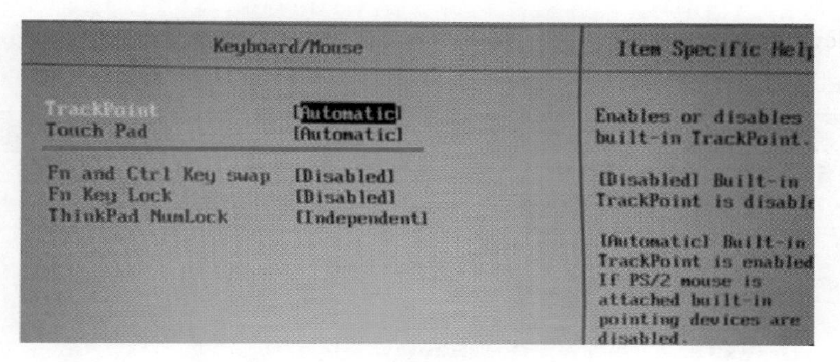

图 5.25

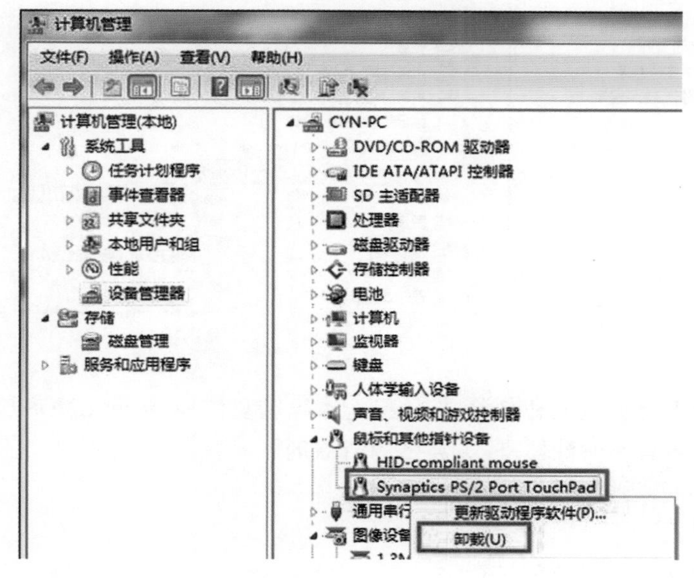

图 5.26

2）鼠标箭头乱飞故障排查

（1）故障现象

触摸板可以使用，但鼠标箭头在屏幕上乱飞。

（2）原因分析

驱动异常，触控板硬件异常。

（3）排查思路

①通过快捷键关闭触摸板，使用外置鼠标，看鼠标光标是否乱飞，若不乱飞，确认问题与触摸板的软硬件有关。

②在控制面板更新触摸板的驱动程序。

以 Windows 7 为例,“右键”→“计算机”→“管理”→“设备管理器”→“Synaptics PS/2 Port TouchPad”,如图 5.27 所示。

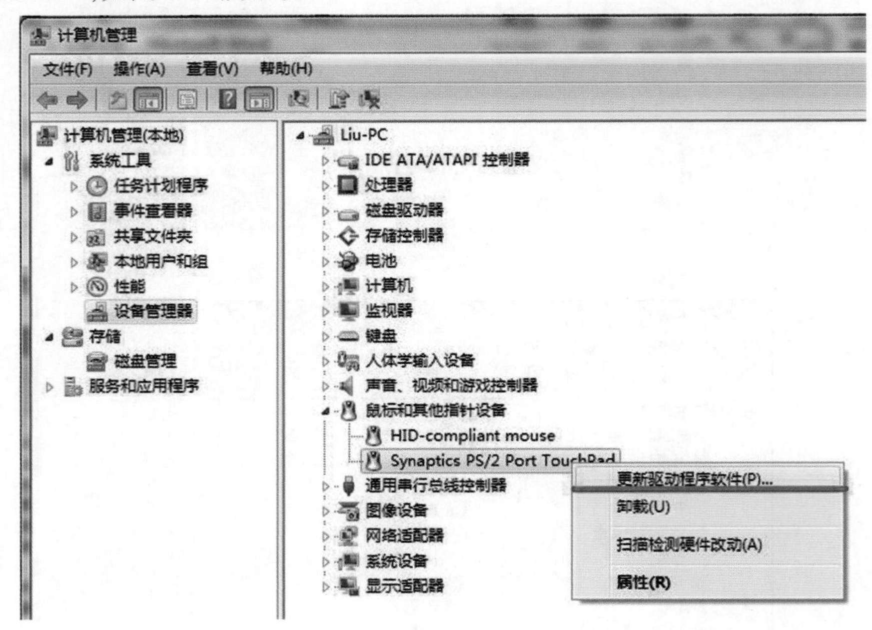

图 5.27

③移除笔记本电脑电池和电源,按压笔记本电脑复位控,清除 CMOS,重新上电检测。

④触控板是否有不明液体进入,尝试用清洁剂。

⑤拆开触控板,尝试重组。

⑥更换触控板。

3)多指控制功能失灵故障排查

(1)故障现象

触摸板无反应,如具备多指控制功能的触控不能使用三指控制上下翻屏,如图 5.28 所示。

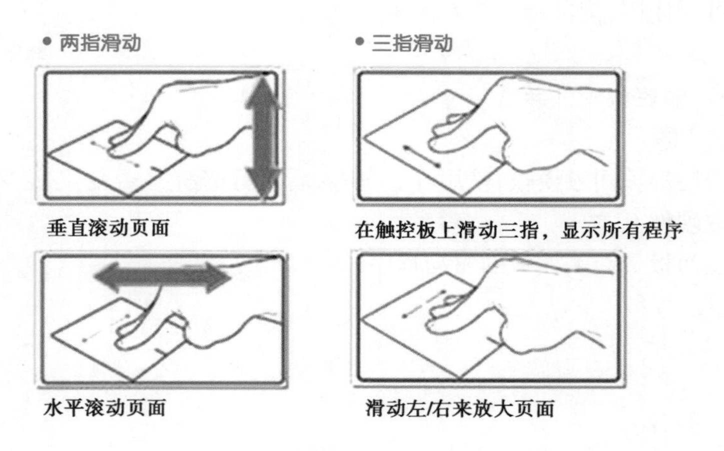

图 5.28

(2)原因分析

驱动异常,硬件失灵。

(3)排查思路

①更新触控板驱动程序。以 Windows 7 为例,“右键”→“计算机”→“管理”→“设备管理器”→“Synaptic PS/2 Port TouchPad”。

②硬件损坏,拆机更换触摸板。

4)Thinkpad 小红点不能用故障排查

(1)故障现象

使用 Thinkpad 小红点不能移动屏幕上的鼠标箭头。

(2)原因分析

快捷键关闭了触摸板功能。

(3)排查思路

①FN+F8 UltraNav 设置界面,看是否关闭了小红点,如图 5.29 所示。

②小红点驱动错误,在设备管理器中更新驱动程序,如图 5.30 所示。

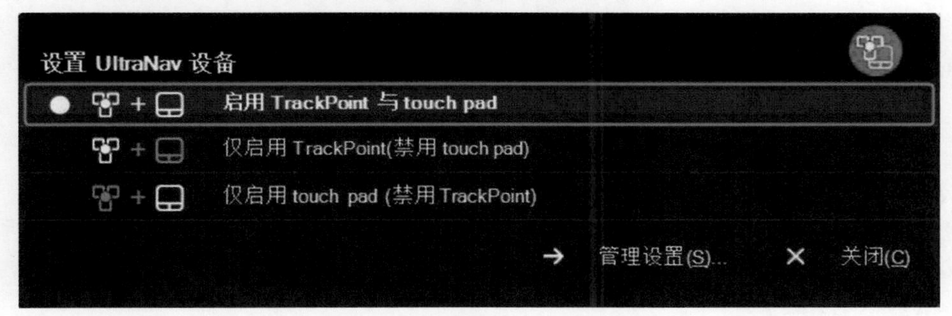

图 5.29

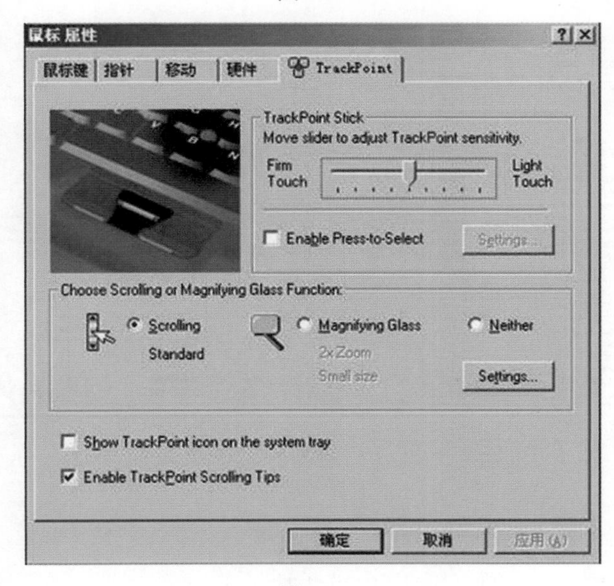

图 5.30

③硬件故障,拆机更换硬件。

5)触摸屏故障排查

触摸屏如图 5.31 所示。

图 5.31

(1)故障现象

目前支持 Windows 8 的笔记本电脑开始使用触摸屏替代传统的键盘和鼠标进行操作。常见的故障有触摸屏不能用、触摸屏失灵。

(2)原因分析

驱动未安装或丢失,触摸屏排线异常,或触摸屏本身故障。

(3)排查思路

①检查设备管理器中的触摸屏驱动是否安装,尝试更新触摸屏驱动。图 5.32 所示为正确安装和未正确安装触摸屏驱动的设备管理对比图。

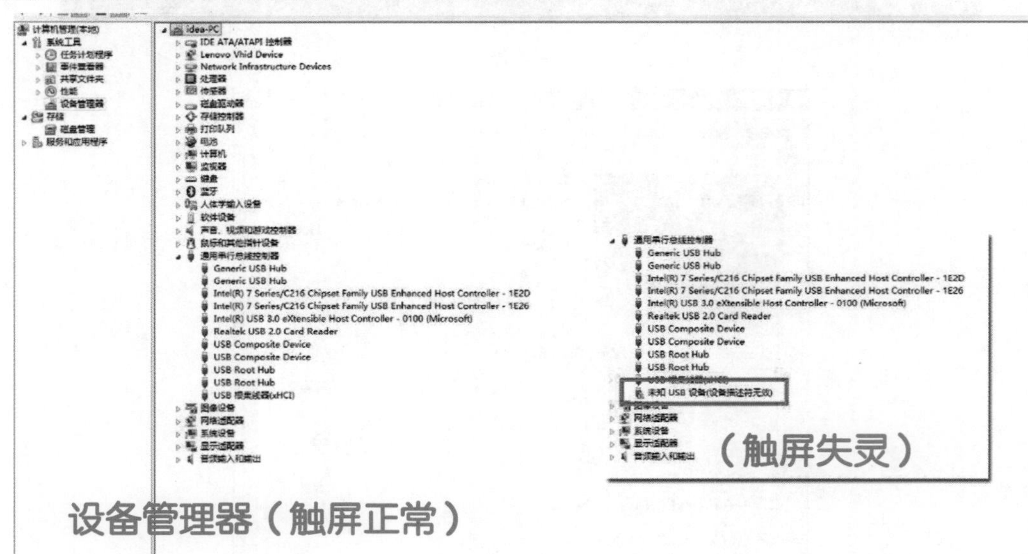

图 5.32

②尝试清除笔记本的 CMOS,更新 BIOS 程序。

③拆机检查硬件故障。

第二节　显卡故障

显卡全称为显示接口卡(Video card,Graphics card),又称为显示适配器(Video adapter)或显示器配置卡,是计算机基本配置之一。显卡的用途是将计算机系统所需要的显示信息进行转换驱动,并向显示器提供行扫描信号,控制显示器的正确显示,是连接显示器和个人电脑主板的重要组件,是“人机对话”的重要设备之一。显卡作为计算机主机里的一个重要组成部分,承担输出显示图形的任务,对于从事专业图形设计的人来说显卡比较重要。民用显卡图形芯片供应商主要包括 AMD(超威半导体)和 NVIDIA(英伟达)两家。

显卡主要的组成部分有 GPU、显存、BIOS、PCB 板。

1)GPU

GPU 全称为 Graphic Processing Unit,中文译名为“图形处理器”。GPU 是相对于 CPU 的一个概念,由于在现代的计算机中(特别是家用系统,游戏的发烧友)图形的处理变得越来越重要,需要一个专门的图形核心处理器。NVIDIA 公司在发布 GeForce 256 图形处理芯片时首先提出 GPU 的概念。GPU 使显卡减少了对 CPU 的依赖,并进行部分原本 CPU 的工作,尤其是在 3D 图形处理时。GPU 所采用的核心技术有硬件 T&L(几何转换和光照处理)、立方环境材质贴图和顶点混合、纹理压缩和凹凸映射贴图、双重纹理四像素 256 位渲染引擎等,而硬件 T&L 技术可以说是 GPU 的标志。

GPU 的生产主要由 NVIDIA 与 AMD 两家厂商生产。

2)显存

显存是显示内存的简称。其主要功能就是暂时储存显示芯片要处理的数据和处理完毕的数据。图形核心的性能越强,需要的显存也就越多。以前的显存主要是 SDR 的,容量也不大。市面上的显卡大部分采用的是 DDR5 显存。

3)BIOS

与驱动程序之间的控制程序,另外还储存有显示卡的型号、规格、生产厂家及出厂时间等信息。打开计算机时,通过显示 BIOS 内的一段控制程序,将这些信息反馈到屏幕上。

早期显示 BIOS 是固化在 ROM 中的,不可以修改,而截至 2012 年年底,多数显卡采用了大容量的 EPROM,即所谓的 Flash BIOS,可以通过专用的程序进行改写或升级。

4)PCB 板

PCB 板即是显卡的电路板,其将显卡上的各个部件连接起来,功能类似主板。

(1)把好显卡质量关

显卡的做工和电气性能直接影响到显卡的工作稳定性,因此显卡的质量非常重要。一块高质量的显卡,应具备选用的组件和底板质量上乘,组件分布和电路走线合理等特点并具备该级别显卡应有的基本功能,做工质量过硬。劣质的显卡,为了节省成本,往往是偷工减料,省去应有的功能,甚至使用劣质的组件,这样的产品,往往成为运行不稳定的因素,比如花屏、死机等。

在显卡选购时,一定要选择质量可靠、做工较好的产品,这样用起来会省心一些。

(2)注意显卡散热

随着显示芯片技术的发展,显示芯片内部的晶体管越来越多,集成度也越来越高,这样的结果就造成芯片的发热量变得越来越大,因此散热的问题也日益突出。

如果显卡散热风扇质量不理想,就需要更换风扇。在购买新的显卡风扇时,最好将显卡带上,以购买合适的显卡风扇。

由于风扇大多使用弹簧卡扣或者螺钉固定,因此可以使用螺丝刀和镊子轻易地将其取下,并拔掉其连接的电源接头。更换时先将芯片上原有的导热硅脂清理干净,然后再涂上新的导热硅脂,将新的风扇装一下并按原样固定好,插好电源接头即可。

使用热管散热的显卡,由于其占用的空间比使用散热风扇的大,因此安装这类显卡时要特别注意。另外显卡的显存也需要散热,用户可以使用自粘硅脂在现存颗粒上,粘贴固定散热片就可以了。

(3)安装适合的驱动程序

安装适合的驱动程序是很必要的,装了好的显卡而没装适合的驱动程序会大大降低显卡的性能。

(4)避免过度超频

部分的显卡由于使用了技术参数较高的组件,因此具有不俗的超频能力,所以不少玩家都崇尚超频显卡以获得性能的提升。然而有一利必有一弊,超频也会导致芯片的热量大增,当达到一定程度时,就会发生花屏、死机的问题,即使不如此,也会在某些应用场合如游戏中出现不稳定的现象,因此超频必须适度。

1.显卡无画面故障

1)屏幕没有画面,硬盘有运转声音故障排查

(1)故障现象

屏幕没有画面,硬盘有运转声音。

(2)原因分析

听到硬盘转动,按 NUM 键指示灯能打开或关,代表电脑已开机,基本可以排除是内存问题。因为若是内存故障,是不能正常开机的,所以此类故障通常为显卡连接线松动、显示器电源线松动。

(3)排查思路

①显示器连接线松动:检查显示器连接线,VGA/DVI 两端是否有固定螺丝,确认锁紧以保证接触良好;HDMI/DP 无须螺丝固定,确保连接线接触良好,如图 5.33 所示。

②显示器电源线未连接:显示器正常工作需要外接电源,检查显示器背面电源线是否松动。多数人长年开启显示器,所以看到显示器指示灯不亮,多数时候是电源线松动。

③连接线损坏:更换显示器连接线,若故障排除,确认为连接线损坏。

④显示器损坏:先将显示器连接到其他电脑上,若问题相同则确认为显示器故障。

2)电脑运行中黑屏故障排查

(1)故障现象

电脑运行中突然没有画面,按压 Caps Lock 键没有反应,程序停止运行。

图 5.33

(2)原因分析

电脑程序也停止运行,显示器本身问题可能性不大,原因来自显卡、电源(图 5.34)等硬件可能性较大。例如显卡损坏、电源供电故障或硬件超频导致的过热。

(3)排查思路

①显卡故障:先确认显卡是否与主板已经连接紧密,断电拔下显卡,清洁显卡插槽并重新连接显卡。若问题相同将显卡连接到其他电脑进行检测。

②电源老化:电源老化导致供电不稳,更换电源做验证,若问题排除则确认电源故障。

图 5.34

③硬件超频:若做过显卡、内存、CPU 的超频操作,可能是超频设定过高导致硬件不稳定,可以清除 CMOS 来恢复 BIOS 出厂设置。若重新启动能显示,则进入 BIOS 选择 Load Optimized Default 恢复 BIOS 默认值,如图 5.35 所示。

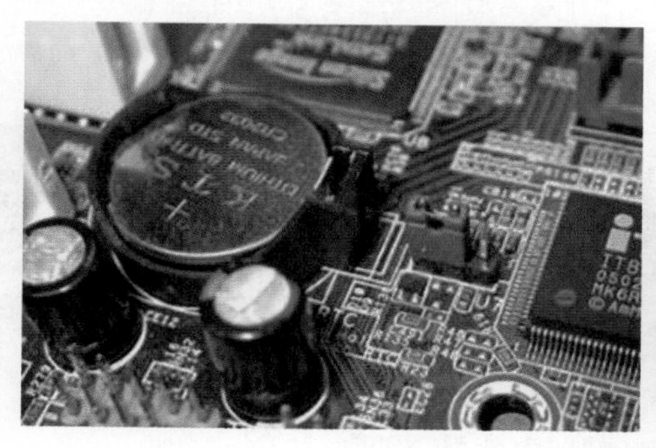

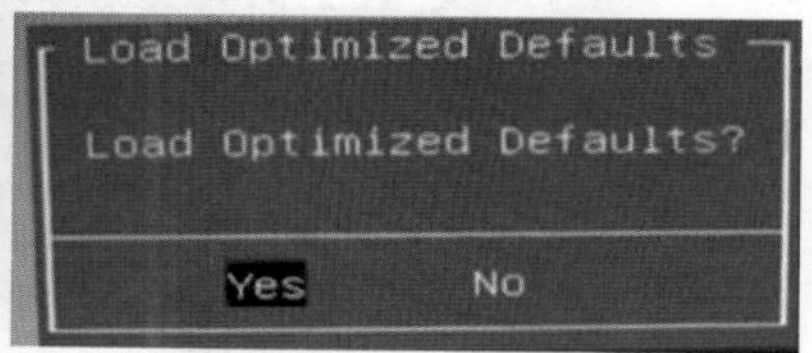

图 5.35

④过热保护:机构散热不良也会导致硬件过热以致系统不稳,此时需要清理机箱内灰尘,检查 CPU 和显卡散热硅胶,清理机箱风扇灰尘,如图 5.36 所示。

3)开机无画面,重启几次问题相同故障排查

(1)故障现象

开机屏幕黑色,显示器灯亮,反复几次问题相同。

(2)原因分析

时好时坏很明显是硬件故障,如果显卡已在 2~3 年以上,打开后能看到坏掉的电容有

图 5.36

膨胀,也有可能有焊点氧化。显卡需要送修。

(3)排查思路

显卡送修。

2.显示异常故障

1)电脑播放高清影片卡故障排查

(1)故障现象

电脑配置已达到播放高清影片的要求,但每次播放高清电影都很卡。

(2)原因分析

目前主流电脑都能达到播放高清影片的要求。如果安装了其他硬件,可能存在硬件冲突;若未安装新硬件,那么存储影片的硬盘可能有坏道、显卡驱动程序没有正确安装或播放软件本身故障等故障。

(3)排查思路

①驱动程序问题:在多数情况下,操作系统自带的驱动能够满足显卡识别要求,因此很多人就不再安装显卡的驱动。显卡自带的驱动会对自由产品有所优化,因此想要达到显卡的最佳性能需要在官方下载最新的驱动程序,如图 5.37、图 5.38 所示。

图 5.37

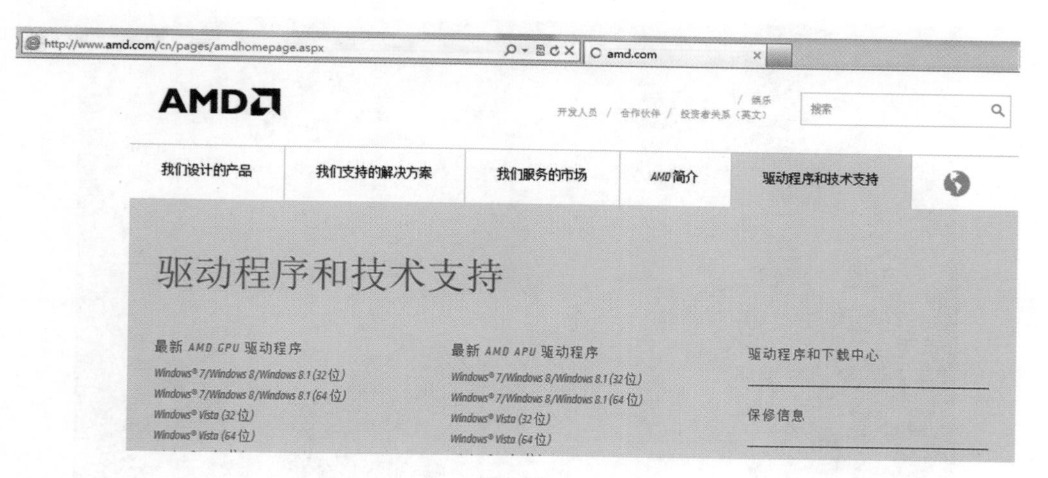

图 5.38

②播放软件不适用：播放软件（图 5.39）提供视频解压功能，但有时软件表现不好会导致播放效果不好。

图 5.39

③硬件冲突或损坏：使用光驱时也容易导致类似故障，其他硬件较少出现此类故障，如果是加载硬件导致的，先移除该硬件。另外播放高清视频时，输入输出数据量比较大，可尝试更换硬盘的数据线，SATA 硬盘即 SATA 线。若更换后问题依旧，可以下载 HD Tune 检测硬盘。

2）游戏时画面异常故障排查

（1）故障现象

在玩游戏时画面出现破损或延时，如图 5.40 所示。

图 5.40

(2)原因分析

游戏画面越细致,显卡的工作负荷会越大。若显卡程序太老会导致显示异常,如破影或撕裂。除此之外,显卡组件损坏也会导致消耗较多显卡资源。

(3)排查思路

①驱动程序旧

a.以 Windows 7 为例,在计算机上单击右键,选择“右键属性”→“设备管理器”。

b.在设备管理器中的显卡设备上单击右键,执行“更新驱动程序”功能。

c.弹出更新后,选择“自动搜索或更新驱动程序”,接下来将自动搜索驱动程序并安装。

②显卡损坏。多数情况进入系统显示正常、却无法进入游戏或游戏一段时间后出现问题的显卡,显卡上零件损坏的概率很高,建议送修显卡。

3)屏幕显示偏色(偏红/绿/蓝)故障排查

(1)故障现象

显示器显示偏红、绿或蓝。

(2)原因分析

是否安装了新的显卡驱动程序,某些驱动程序允许用户自定义屏幕色彩,若设定不适也会导致色彩异常。

屏幕没有正确矫正,在屏幕上有控制按钮可以变更屏幕亮度和对比度、位置、色温等设定。各个厂家屏幕设定方法不同,若未正确设定色温,如设定偏向其中一个颜色,会导致显示不正常。

显示器连接线,每个针脚都有其自身的作用,例如 VGA 负责接收显卡的模拟信号,然后传输到显示器上显示出来。此外,LCD 在使用一定年限后,屏幕灯管会老化。

(3)排查思路

①显卡驱动设定不正确。在操作系统中,设定方法如下所述。

启动显卡设定程序，选择“图形设置”→“颜色”选项，单击右侧下方“重置”选项，完成后再单击“确定”，如图 5.41 所示。

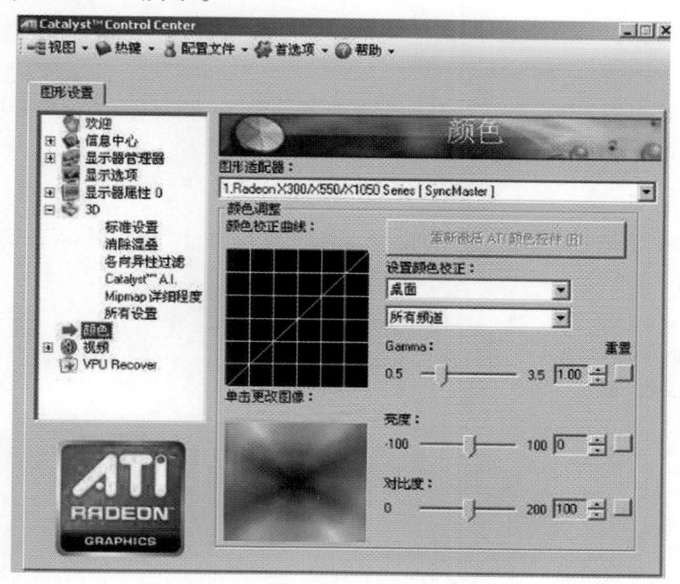

图 5.41

②屏幕设定不正确。显示器下面或侧面通常有一排控制按钮，通过控制按钮可以设定颜色、色温，不同显示器的设定不同，如图 5.42 所示。

图 5.42

③连接显示器损坏。检查显示器连接线是否正常，针脚是否有弯曲或断裂。

④显示屏老化。将旧显示器淘汰，更换新显示器。

4）屏幕突然变暗故障排查

（1）故障现象

系统启动之后屏幕突然变暗。

（2）原因分析

屏幕发光的元器件是灯管，所以灯管损坏概率大，另外则可能是灯管的高压部分损坏。

（3）排查思路

无论灯管是否损坏，只能送修，通常灯管的更换价格不高。

5)新显示器无画面,出现 OUT OF RANGE 信息故障排查

(1)故障现象

黑屏,显示 OUT OF RANGE 报错信息。

(2)原因分析

原有显示器设定符合旧显示器设定,却不符合新显示器设定。若平时没有设定过分辨率,屏幕却出现此错误信息,说明屏幕质量有问题。

(3)排查思路

出现此问题可以先进入能显示的操作系统,在桌面上单击鼠标右键,然后调节分辨率,如图 5.43 所示。

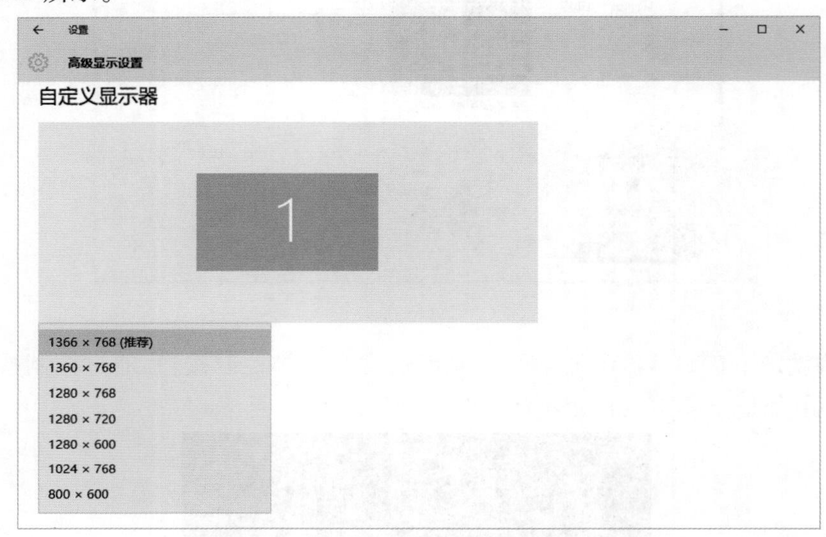

图 5.43

6)LCD 有坏点故障排查

(1)故障现象

屏幕有显示亮点、暗点或颜色点。

(2)原因分析

LCD 质量问题。LCD 屏幕坏点包括亮点、暗点和色点。由于屏幕生产技术限制,屏幕坏点是无法避免的,但并不代表厂商可以忽略坏点问题。各厂商根据 ISO 的国际标准都有相应的坏点数量限制。

(3)排查思路

检查更换背景颜色为全白、黑、红灯颜色时,是否能辨认出坏点。仔细辨别坏点的数量和位置,确认是否保修。

7)LCD 字体模糊故障排查

(1)故障现象

字体模糊不清。

(2)原因分析

Windows 能够清晰显示字体,安装时预设会启用“平滑显示字体”技术,如果关闭该功能,可能会字体模糊。某些显示器有最佳分辨率要求,若未将显示器设置为最佳分辨率,同样会影响画面的美观。因为,如果没有注意到系统字体的 DIP 设定,也会不清晰。

(3)排查思路

①未开启平滑显示功能。以下示范如何开启平滑显示渲染功能。

a.进入控制面板“显示”,单击“调整 ClearType 文本”,如图 5.44 所示。

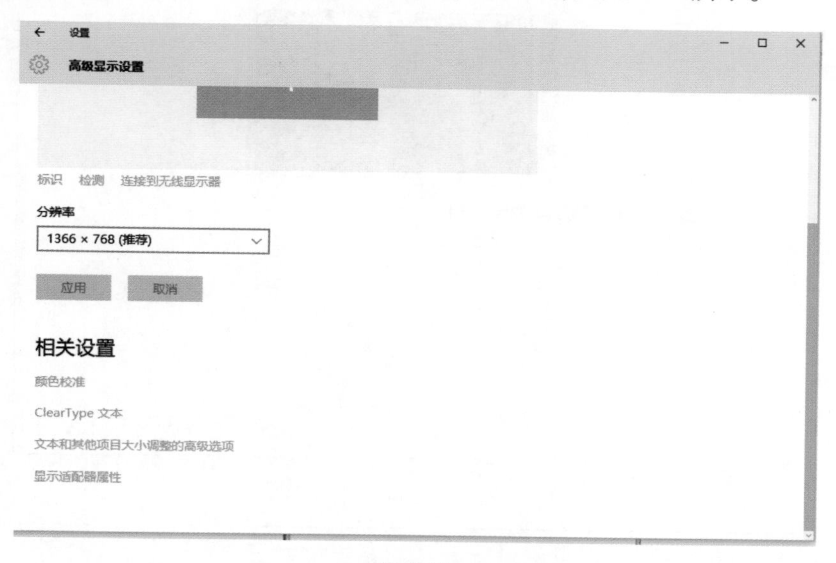

图 5.44

b.勾选“启用 Clear Type”。如图 5.45 所示。

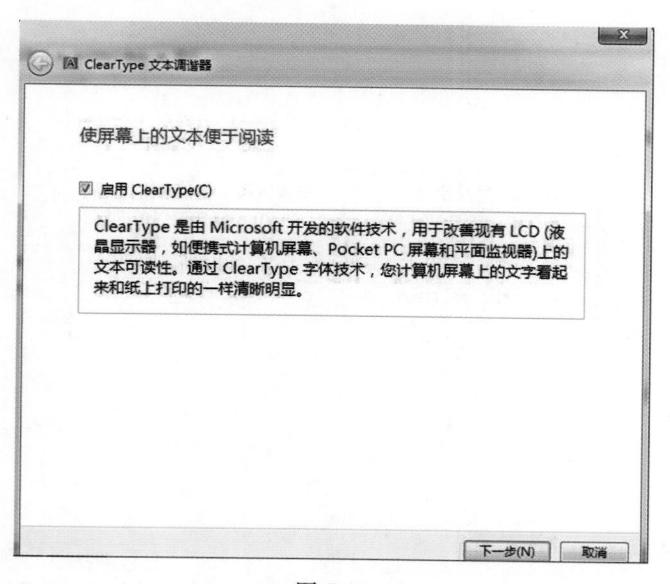

图 5.45

c.接下来选择看起来合适的文字，单击“下一步”按钮，如图 5.46—图 5.48 所示。

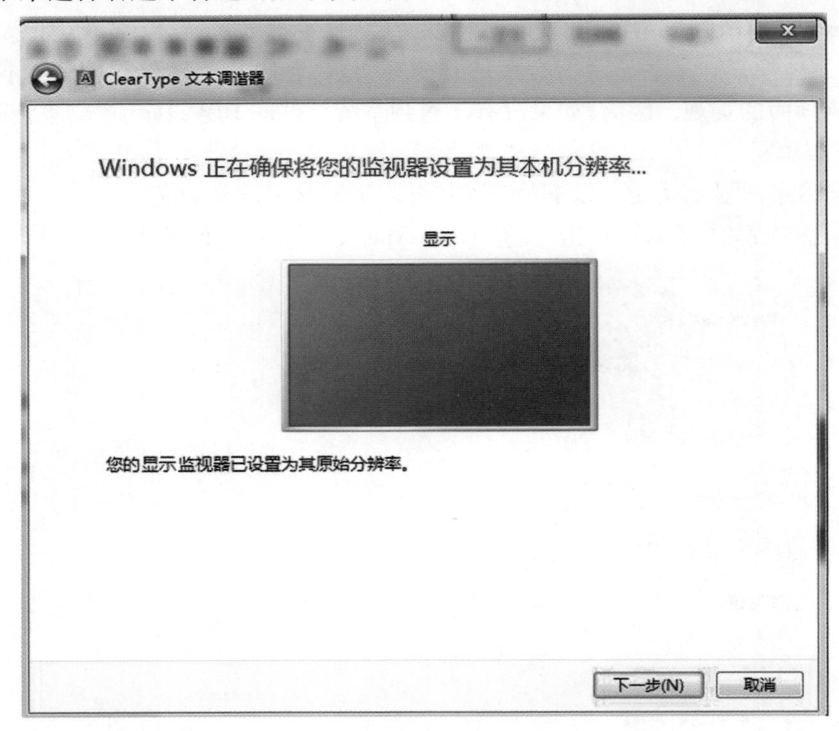

图 5.46

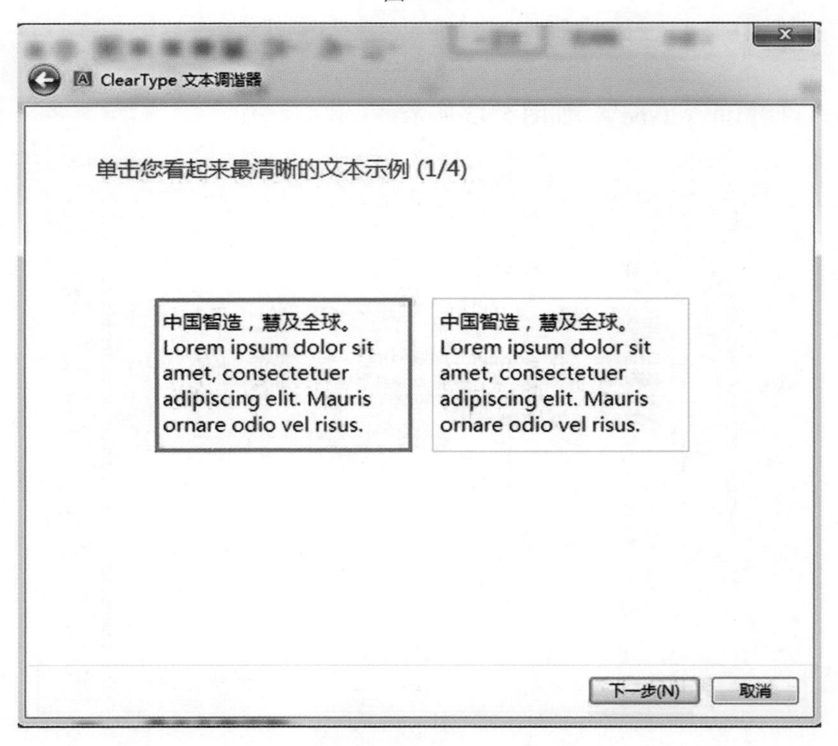

图 5.47

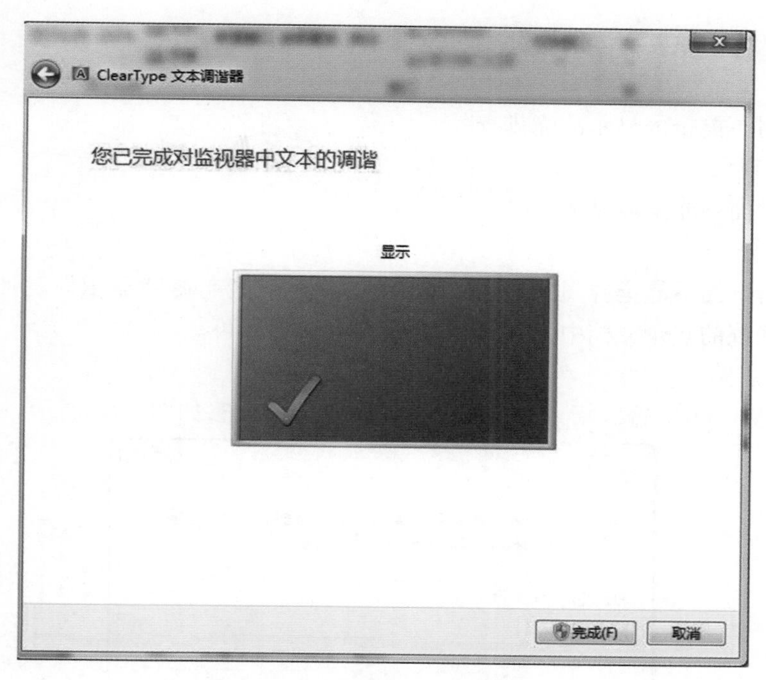

图 5.48

②未设定最佳分辨率。不同尺寸的 LCD 屏幕，均有最佳分辨率。例如 22 寸显示器的最佳分辨率为 1 920×1 080，可以通过调节分辨率来改进清晰度。

③文字显示设定比例不当。若屏幕的最佳分辨率较高，则文字看起来很小。在"显示"中可以调节文字的显示比例，即可放大文字。如 22 寸宽屏的分辨率为 1 920×1 080，则可以使用 125%或 150%的比例显示文字，如图 5.49 所示。

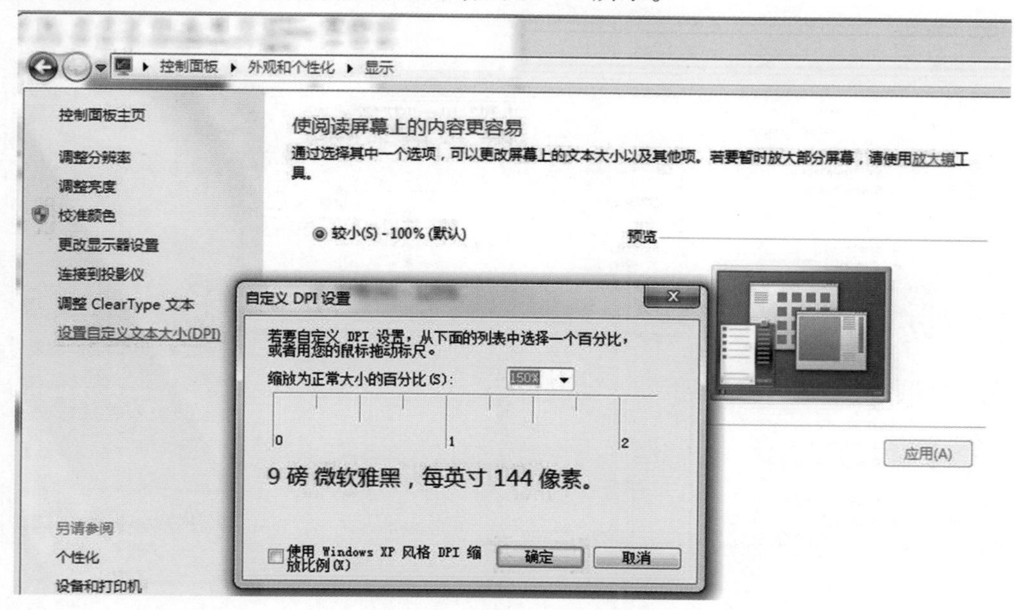

图 5.49

④屏幕老化。如果字体未作过改动,但字体模糊很可能是因为屏幕老化,需更换新显示器。

8)游戏时不能全屏显示故障排查

(1)故障现象

游戏时画面不能全屏显示。

(2)原因分析

若游戏时画面不能全屏显示,则说明系统的显示设定与游戏显示设定冲突。这个预设位于操作系统的登录文档中,所以只要修改登录文档即可。

(3)排查思路

①按下"Win+R",输入指令"regedit",单击"确定"按钮,如图5.50所示。

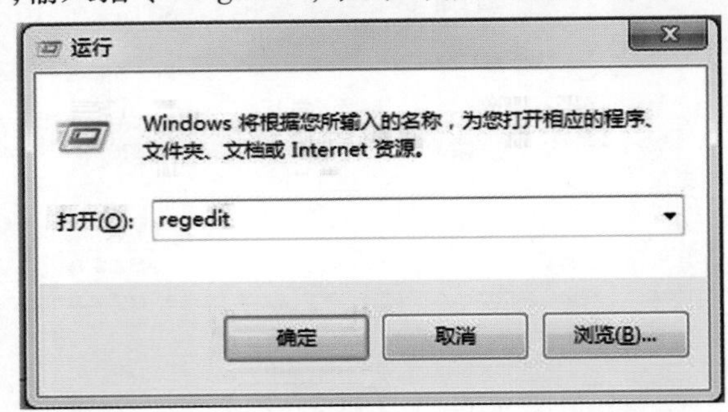

图5.50

②依次展开如图5.51所示路径,然后在"Configuration"上单击右键,执行"寻找"命令,在对话框中输入"Scaling",单击"查找下一个"按钮,如图5.51所示。

HKEY_LOCAL_MACHINE\SYSTEM\ControlSet001\Control\GraphicDrivers\Configuration\

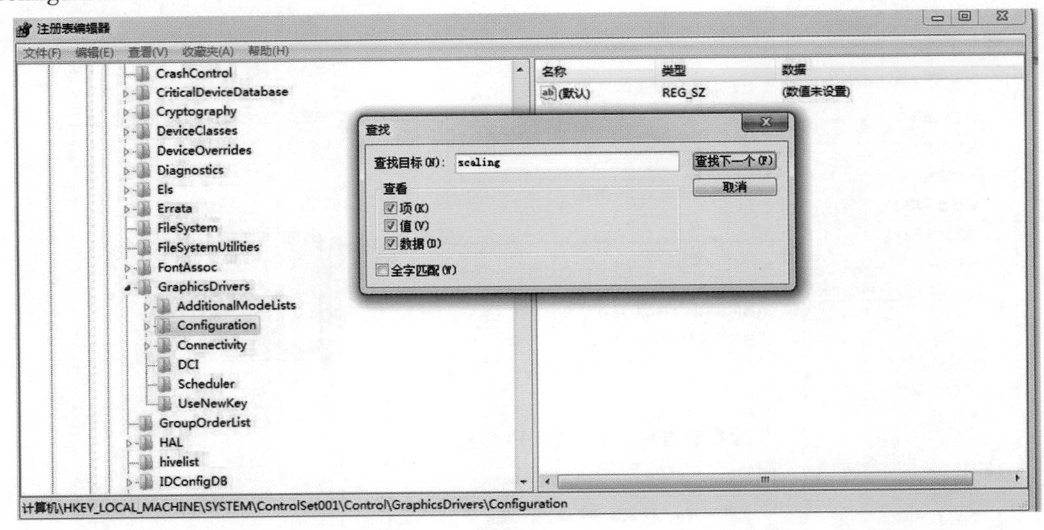

图5.51

③在视窗的右侧窗口，双击“Scaling”选项，在弹出的对话框中修改数值为“3”，单击“确定”按钮，如图 5.52 所示。

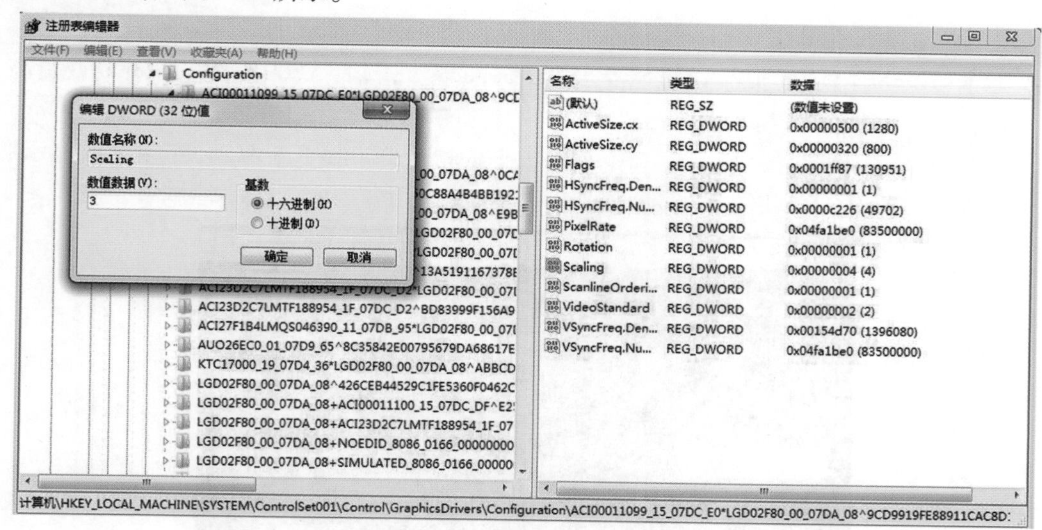

图 5.52

9）花屏故障排查

（1）故障现象

显示花屏，游戏画面异常，如图 5.53 所示。

图 5.53

（2）原因分析

硬件配置低，显卡驱动显示器异常故障，显卡异常，主板异常。

（3）排查思路

①若运行游戏花屏，检查电脑配置是否符合游戏运行所需最低配置。

举例：DOTA 最低配置

操作系统:Windows 7/Vista/Vista64/XP

处理器:Pentium 4 3.0 GHz

内存:1 GB for XP/2 GB for Vista

显卡:128 MB 显存,兼容 DirectX 9, Shader model 2.0.ATI X800, NVidia 6600 或更高

硬盘:至少 2.5 GB 空间

②开机系统引导前按“F8”或“Ctrl”键,进入安全模式卸载更新驱动,安装之前显示版本的驱动程序,如图 5.54、图 5.55 所示。

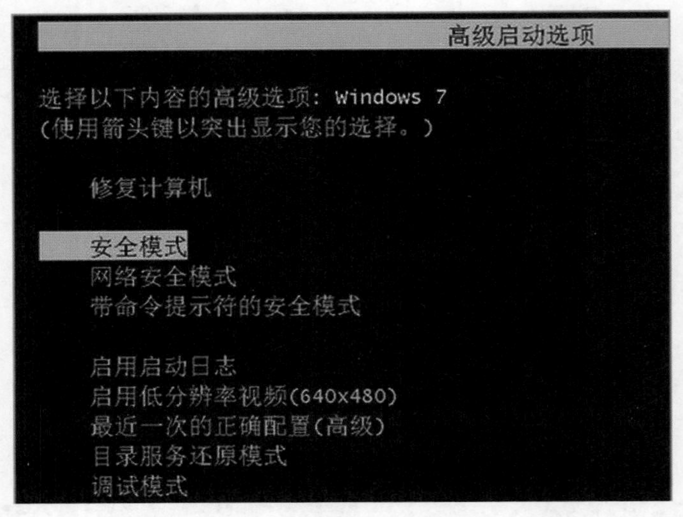

图 5.54

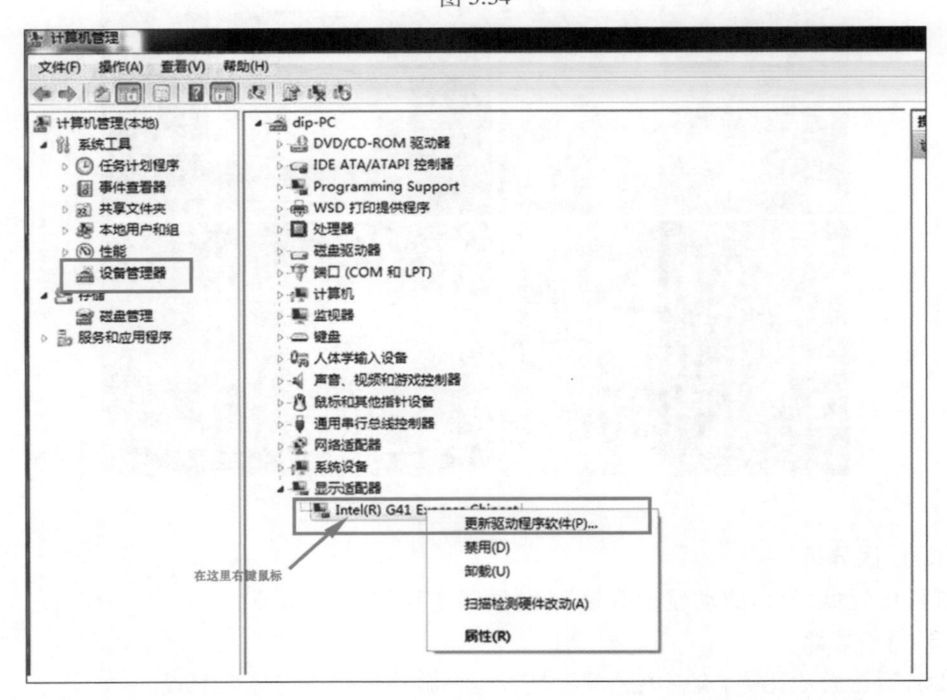

图 5.55

③笔记本电脑外接其他显示器看是否正常。Windows 7 外接显示器快捷键“Win+P”。若外接显示正常，说明问题在 LCD 显示部分，如图 5.56 所示。

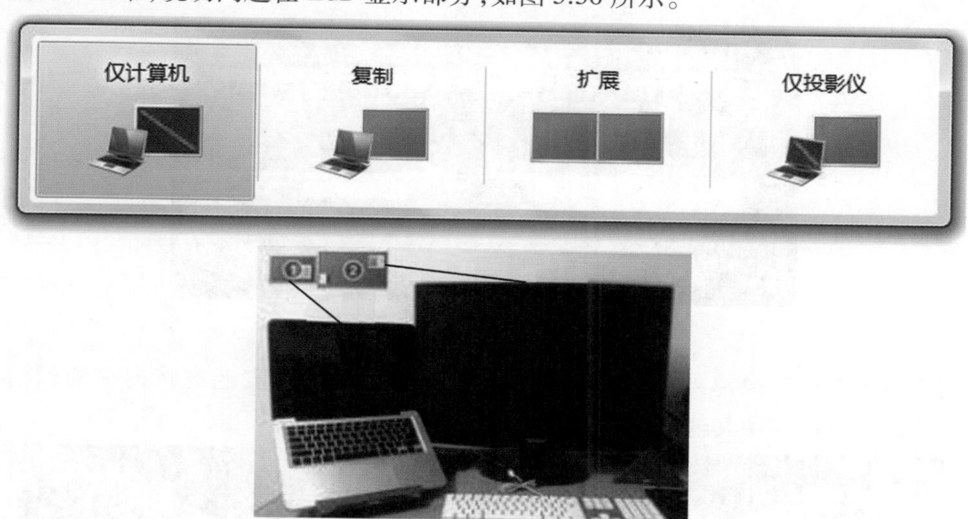

图 5.56

台式电脑使用其他显示器是否显示异常，检查连接显示器的信号（VGA/HDMI/DVI/DP）是否异常，显卡如有多路输出，尝试更换输出线路验证。如同时有集成（板载）和独立显卡，切换到另外一个显卡作验证，如图 5.57 所示。

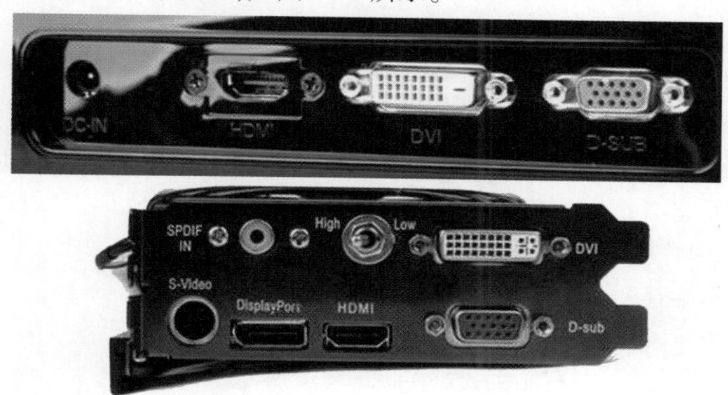

图 5.57

④笔记本电脑重新插拔内存或做替换验证，如图 5.58 所示。

图 5.58

带有独立显卡的台式计算机清理显卡插槽时注意是否有插槽弯针，并清洁显卡金手指做重新插拔验证，如图 5.59 所示。

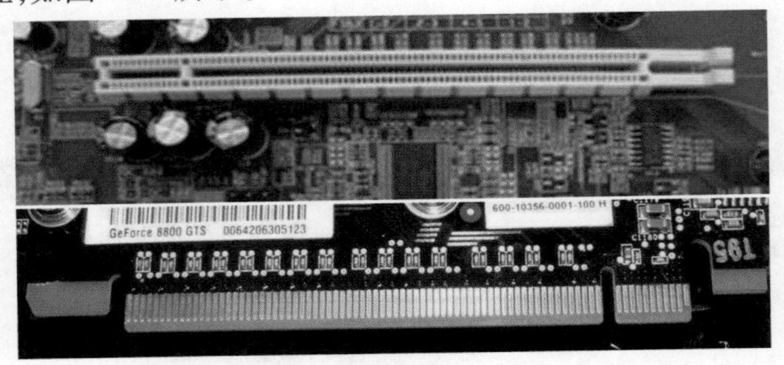

图 5.59

集成显卡断电后拔掉内存，用橡皮擦清理内存金手指，用皮老虎将内存插槽清理干净。若故障依旧则使用其他型号内存交叉验证，如图 5.60 所示。

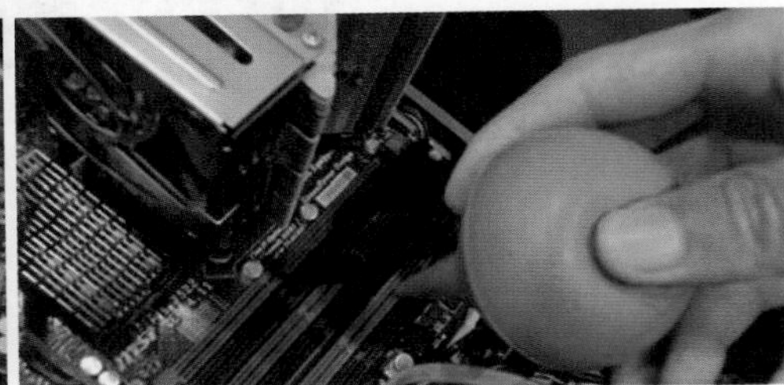

图 5.60

⑤更新 BIOS 作验证。

⑥拆机检查。

笔记本验证屏线和 LCD；台式电脑若集成显卡功能在 CPU 内部（Intel H55 之后芯片组，AMD A55 之后芯片组），则将 CPU、内存移到其他主板验证是 CPU、内存故障还是主板故障。独立显卡用替换法进行验证。

10）倒置故障排查

（1）故障现象

显示倒置，上下颠倒，左右颠倒，故障如图 5.61 所示。

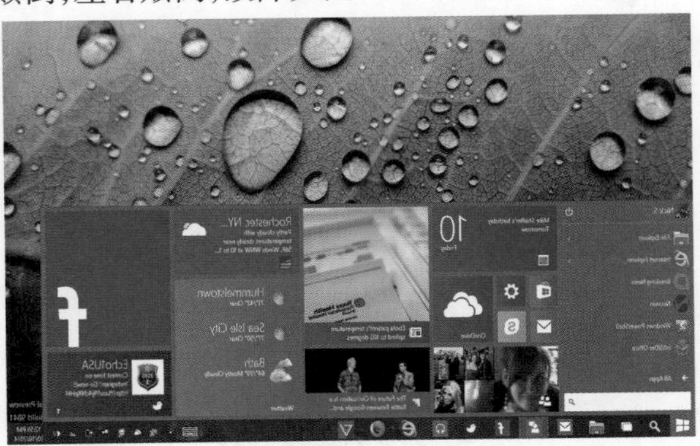

图 5.61

(2)原因分析

显示设置错误,驱动错误。

(3)排查思路

①按"Ctrl+Alt+↑",如图 5.62 所示。

图 5.62

②鼠标桌面单击"右键"→"图形属性"→"基本模式"→"旋转"→"旋转至 180°"→"确定",如图 5.63、图 5.64 所示。

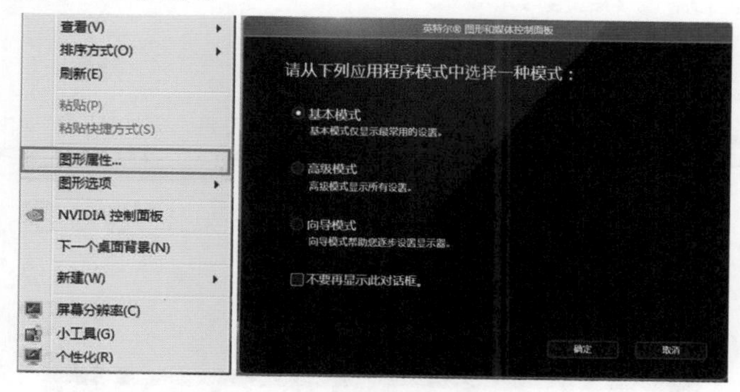

图 5.63

图 5.64

③更新显卡驱动程序,如图 5.65 所示。

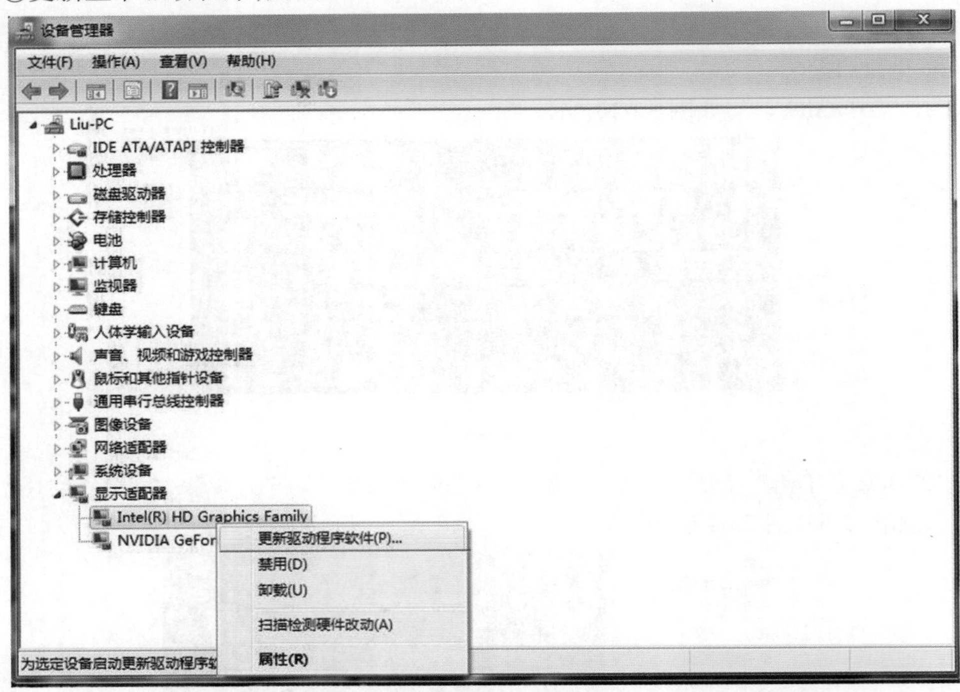

图 5.65

11)水波纹故障排查

(1)故障现象

VGA 显示易出现水波纹,如图 5.66 所示。

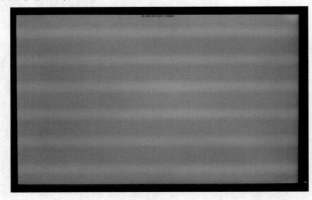

图 5.66

(2)原因分析

VGA 显示受外界信号干扰、VGA 信号线异常,显卡或主板故障。

(3)排查思路

①移除电脑附近可能干扰显示器的其他电子设备,如手机、微波炉等。

②更换显示器的连接线。

③拆机交叉显卡、主板、CPU、内存。

12)白屏故障排查

(1)故障现象

屏幕显示白屏,无文字显示,如图 5.67 所示。

图 5.67

(2)原因分析

屏线异常,显示器/LCD 故障。

(3)排查思路

①笔记本电脑:连接外界显示器确定外部显示器是否显示正常,若相同为显卡故障;外界显示正常则说明问题在主板、屏线和屏之间。台式电脑:更换显示器或显示器接口做验证。

②笔记本电脑:重组屏线和 LCD 显示屏。台式机:重组显卡和内存;更换显卡或内存做验证。

第三节　声卡故障

声卡(Sound Card)也称音频卡(声效卡),其是多媒体技术中最基本的组成部分,是实现声波/数字信号相互转换的一种硬件。声卡的基本功能是将来自话筒、磁带、光盘的原始声音信号加以转换,输出到耳机、扬声器、扩音机、录音机等声响设备,或通过音乐设备数字接口(MIDI)使乐器发出美妙的声音。

声卡从话筒中获取声音模拟信号,通过模数转换器(ADC),将声波振幅信号采样转换成一串数字信号,存储到计算机中。重放时,这些数字信号送到数模转换器(DAC),以同样的采样速度还原为模拟波形,放大后送到扬声器发声,这一技术称为脉冲编码调制技术(PCM)。

1.声卡不能识别

(1)故障现象

设备管理器中查找不到声卡设备。

(2)原因分析

声卡在 BIOS 中被禁用、BIOS 故障、系统故障、主板故障。

(3)排查思路

①进入 BIOS 查看“High Definition Audio”是否选为“Enable”,如图 5.68 所示。

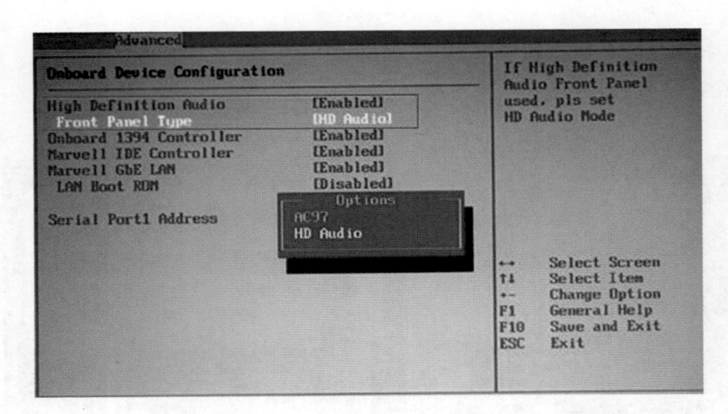

图 5.68

②使用 U 盘的 WinPE 系统,看能否在硬件管理器中找到声卡设备,如图 5.69 所示。

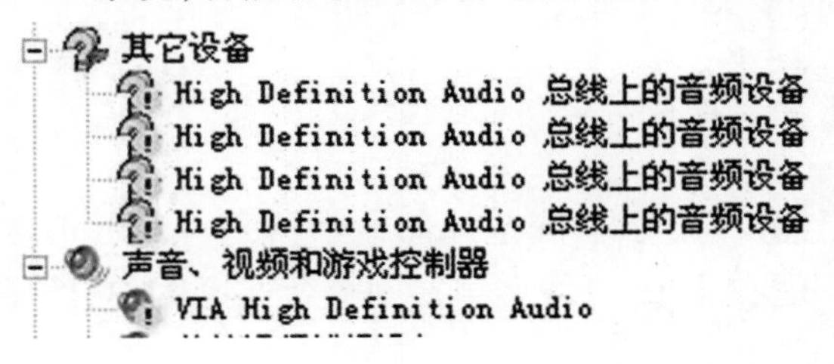

图 5.69

③更新主板 BIOS。

④拆机更换主板。

2.声音异常

1)喇叭无声音故障排查

(1)故障现象

喇叭无声音输出。

(2)原因分析

声卡设定错误、驱动错误、BIOS 故障、主板故障。

(3)排查思路

①检查系统中声卡是否打开,音量是否调到最高。若找不到声卡设备请按照声卡不能识别维修思路查修,如图 5.70 所示。

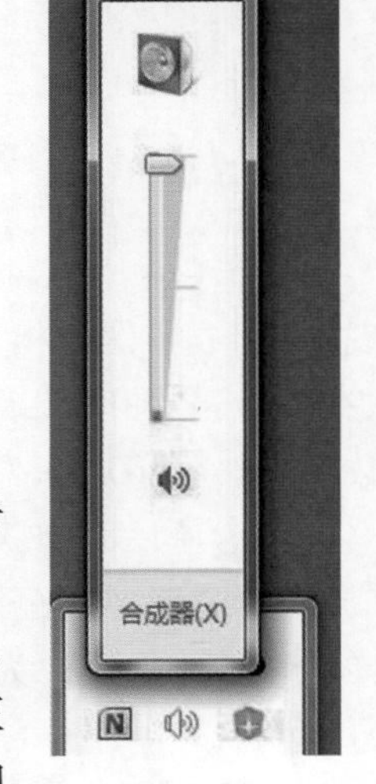

图 5.70

②台式计算机使用外置音响,检查音量是否调高,电源开关打开,音响连线是否正确。再将音响连接到其他电脑验证,确认音响连线正常;或使用耳机连接到台式机的音频输出孔,检测是否有声音输出,如图 5.71 所示。

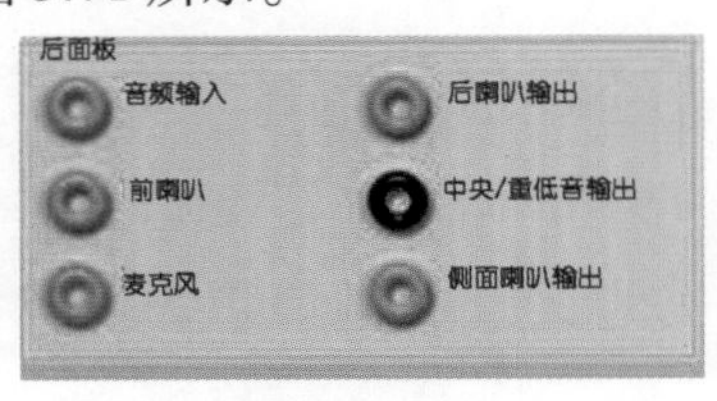

图 5.71

③更新主板 BIOS。

④拆机更换主板。

2)麦克风不能用故障排查

(1)故障现象

麦克风不能用,使用录音软件不能录音。

(2)原因分析

软件设定错误、驱动错误、BIOS 设定错误、主板故障。

(3)排查思路

①打开控制面板,检查声卡的设定。如使用 MIC,MIC 需要处于开启状。

以 Windows 7 为例,选择“控制面板”→“硬件和声音”→“管理音频设备”,如图 5.72 所示。

图 5.72

②如使用外置麦克风,检查麦克风是否连接到计算机,开关是否打开。或将外置麦克风连接到其他计算机作验证,如图 5.73 所示。

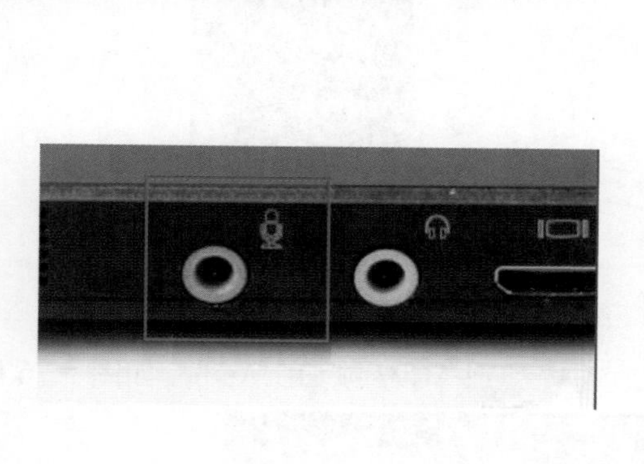

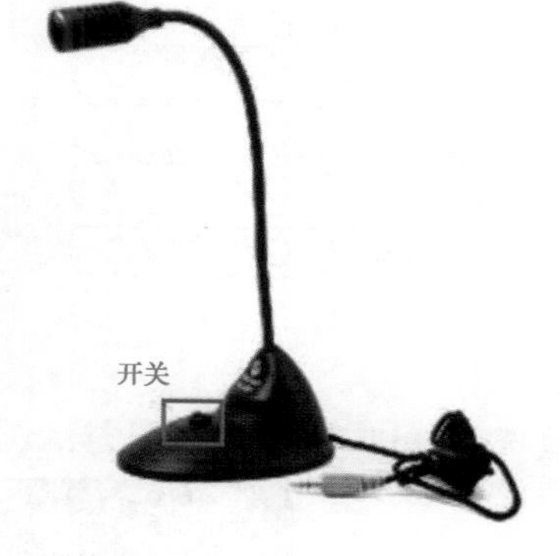

图 5.73

③更新声卡驱动,如图 5.74 所示。

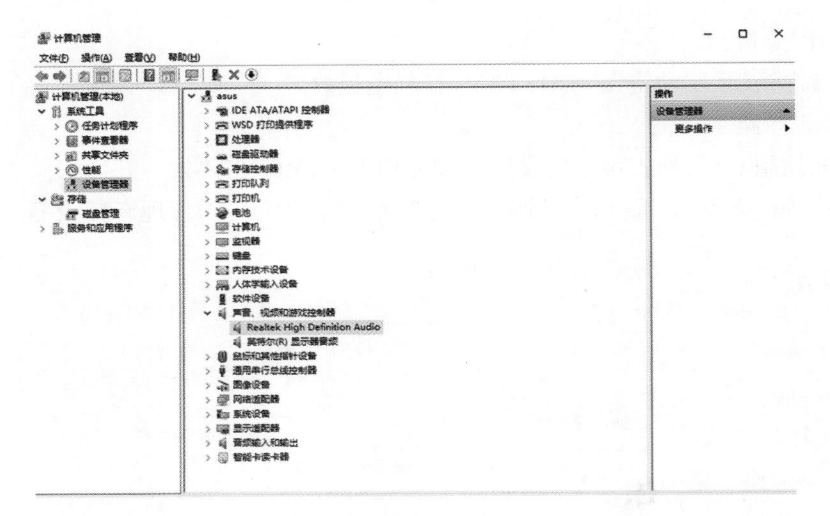

图 5.74

④更新 BIOS。

⑤更换主板

3)前置麦克风和耳机孔不能使用

(1)故障现象

前置麦克风无输入,耳机孔无声音。

(2)原因分析

前置声卡连线错误、BIOS 设置错误、主板故障。

(3)排查思路

①检查台式机机箱前置输出连线是否正确,如图 5.75 所示。

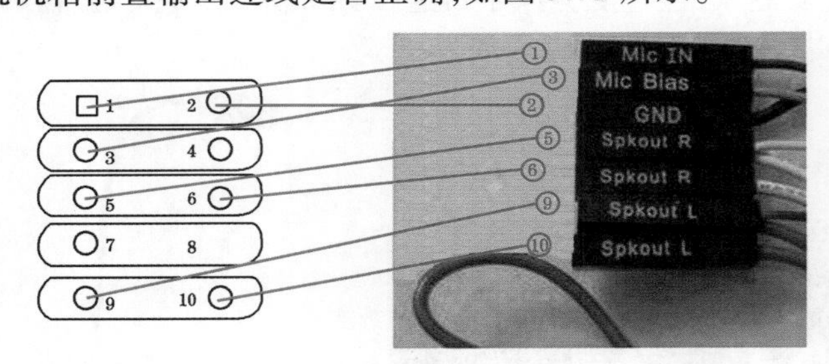

图 5.75

②检查 BIOS 中的声卡设置,尝试更改前置类别 AC97 或 HD Audio,如图 5.76 所示。

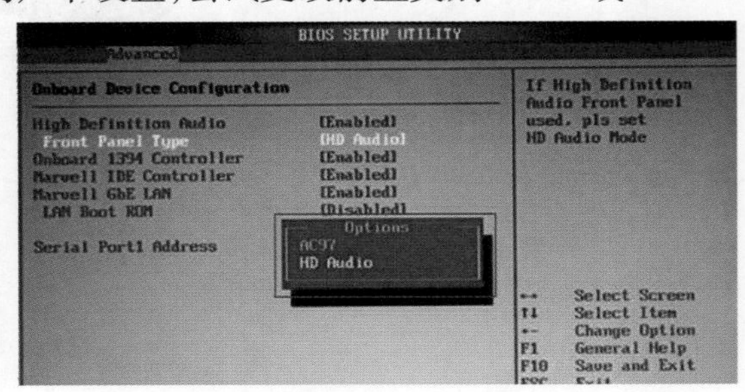

图 5.76

③更新声卡驱动。

④更新 BIOS。

⑤拆机并更换主板。

4)有杂音

(1)故障现象

音箱或耳机有杂音或电流声。

(2)原因分析

外界电子设备电磁干扰,外置音响设备故障,驱动故障。

(3)排查思路

①移除电脑周围的其他电子设备,看是否杂音消失。

②更换其他音响或耳机进行检测看是否杂音消失。

③更新声卡驱动。

④台式机将主板移出机箱,看杂音是否来自机箱的电子干扰。

⑤更换其他型号电源做验证。

⑥拆机更换主板。

第四节 网络故障

1.有线网络故障

有线网:采用同轴电缆、双绞线和光纤来连接的计算机网络。

①同轴电缆网是常见的一种连网方式。其比较经济,安装较为便利,传输率和抗干扰能力一般,传输距离较短。

②双绞线网是目前最常见的连网方式。其价格便宜、安装方便、但易受干扰,传输率较低,传输距离比同轴电缆要短。家庭通常使用的为双绞线。

③光纤是光导纤维的简称,是一种利用光在玻璃或塑料制成的纤维中的全反射原理而制成的光传导工具。微细的光纤封装在塑料护套中,使得其能够弯曲而不至于断裂。通常,光纤的一端的发射装置使用发光二极管(light emitting diode, LED)或一束激光将光脉冲传送至光纤,光纤另一端的接收装置使用光敏组件检测脉冲。在日常生活中,由于光在光导纤维的传导损耗比电在电线传导的损耗低得多,光纤被用作长距离的信息传递。

1)有线网络显示“X”

(1)故障描述

有线网络图标显示“X”,如图 5.77 所示。

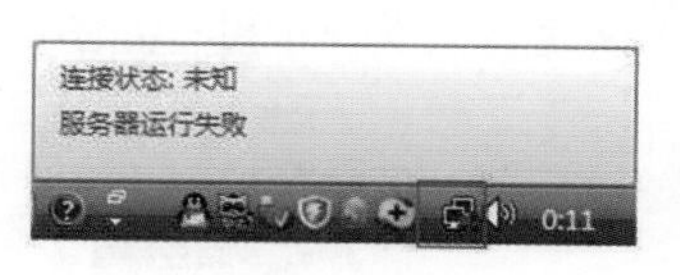

图 5.77

(2)原因分析

网线连接,路由器或网卡接口异常,网卡驱动异常,网卡硬件故障,如图 5.78 所示。

图 5.78

(3)排查思路

①将网线连接到其他计算机看能否正常使用,或者更换其他网线验证,如图 5.79 所示。

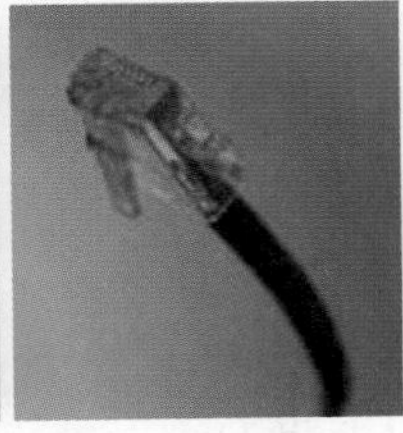

图 5.79

接入路由器的 LAN 口、非 WLAN 口。查看有线网络接口(RJ45)是否有弯针。尝试更换不同的 LAN 口,如图 5.80 所示。

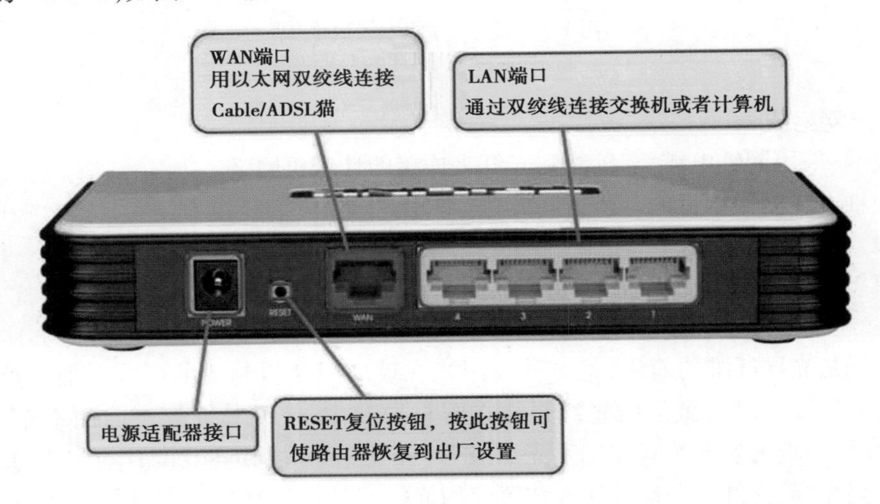

图 5.80

②检查硬件管理器中是否识别到有线网卡,尝试更新有线网卡驱动。BIOS 中 Onboard LAN 是否选为 Enable,如图 5.81、图 5.82 所示。

图 5.81

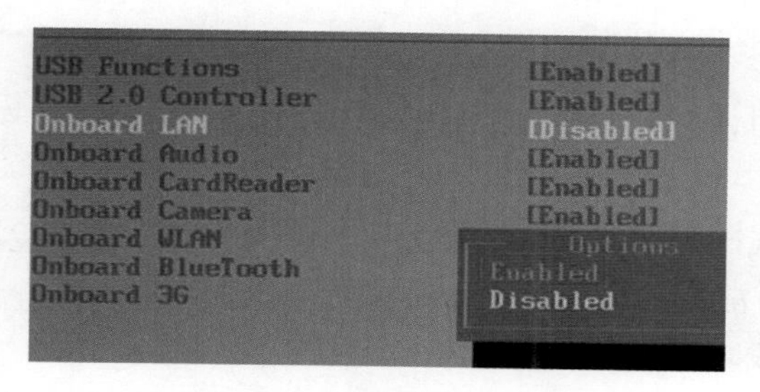

图 5.82

③拆机更换主板。

2)有线网络显示“!”

(1)故障描述

有线网络图标显示“!”,如图 5.83 所示。

图 5.83

(2)原因分析

电脑与路由器连接异常,WLAN 口异常,网卡驱动异常,网卡硬件故障。

(3)排查思路

①将网线连接到其他路由器 LAN 口确认是否连接正常。

②使用其他电脑连接的路由器 LAN 看是否显示为“!”,确认路由器 WLAN 正常。

③禁用有线网卡,再启用有线网卡;在“控制面板”→“网络和 Internet”→“网络连接中”右击“本地连接”,选择“修复”选项,如图 5.84 所示。

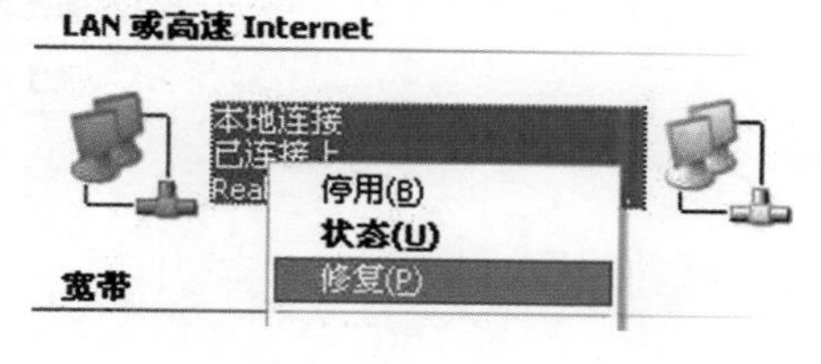

图 5.84

④更新网卡驱动。

⑤使用 WinPE 系统验证 LAN 是否正常。

⑥更新 BIOS。

⑦拆机更换主板。

2.无线网络故障

无线网络,既包括允许用户建立远距离无线连接的全球语音和数据网络,也包括为近距离无线连接进行优化的红外线技术及射频技术,其与有线网络的用途十分类似,最大的不同在于传输媒介的不同,利用无线电技术取代网线,可以和有线网络互为备份。

1)无线网络显示“X”

(1)故障描述

无线网络图标显示“X”,如图 5.85 所示。

(2)原因分析

无线网络功能关闭,设备未开启,驱动错误,硬件异常。

(3)排查思路

图 5.85

①保证附近有无线网络信号,带有红色 X 的图标为没有发现无线网络,其最常见原因为:未开启笔记本无线网络功能。尝试开启无线功能键,部分品牌机型需要使用组合键开启或关闭无线网卡,如“Fn+Fx”(x 代表印有无线网络标识的功能键),如图 5.86 所示。

图 5.86

②选择“控制面板”→“网络和 Internet”查看无线网络连接,若为灰色,单击右键启用,如图 5.87 所示。

图 5.87

③控制面板更新无线网卡驱动程序。

④更新主板 BIOS。

⑤更换网线网卡模组,如图 5.88 所示。

图 5.88

2)无线网络显示“！”

(1)故障描述

无线网络图标显示“！”,如图 5.89 所示。

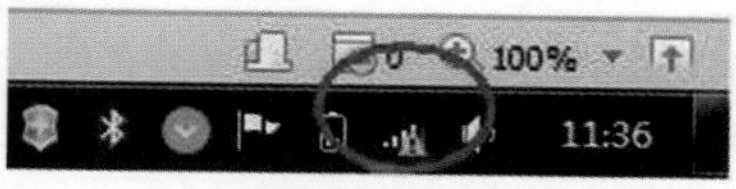

(2)原因分析

无线网络 WLAN 不能用。

图 5.89

(3)排查思路

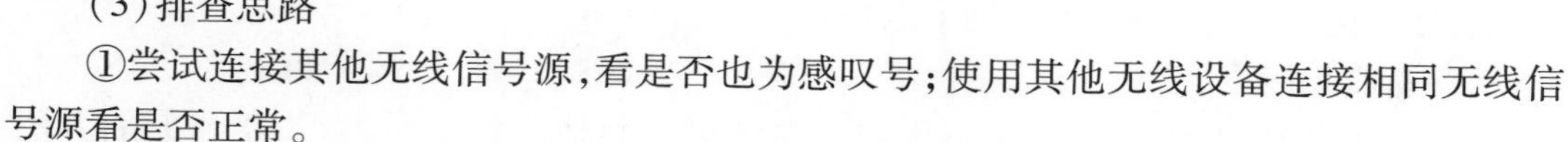

①尝试连接其他无线信号源,看是否也为感叹号;使用其他无线设备连接相同无线信号源看是否正常。

②在管理无线网络中选择感叹号的无线信号源,单击“删除”按钮,然后重新连接该无线网络,如图 5.90 所示。

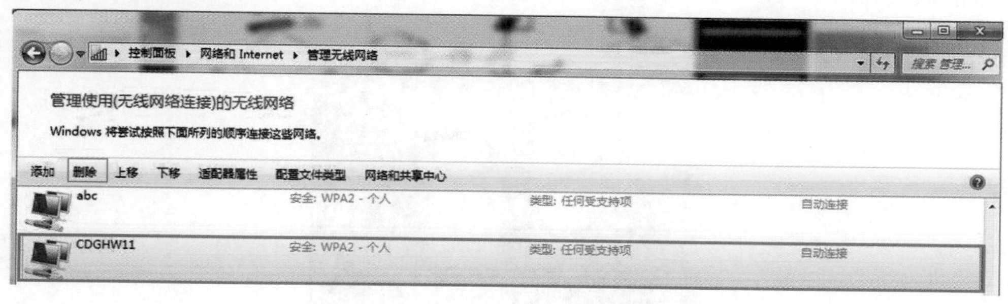

图 5.90

③尝试禁用无线网络,再重新开启无线网络。

④更新无线网卡驱动程序,如图 5.91 所示。

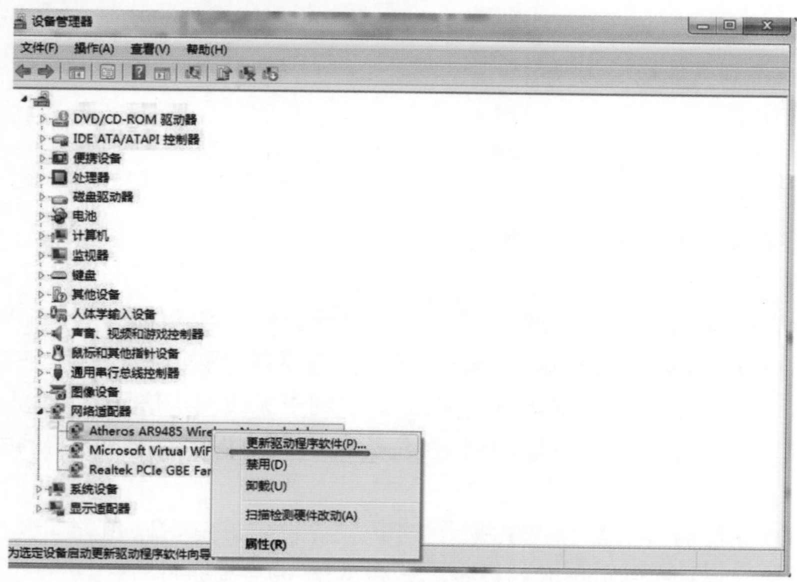

图 5.91

⑤更换无线网络。

⑥更换主板。

3)无线信号弱

(1)故障描述

无线网络若只显示一格信号,则不稳定,如图 5.92 所示。

图 5.92

(2)原因分析

信号干扰、信号源故障、无线网卡故障。

(3)排查思路

①确认电脑在无线信号覆盖范围内。尝试更换其他无线信号源,看信号是否只有一格。

②检查无线网卡天线是否与无线网卡连接正常,重新插拔无线网卡天线。

③更换无线网卡。

图 5.93

4)电脑收不到其他楼层无线信号

(1)故障现象

只能接收本层的无线信号,不能接受其他楼层的无线信号。

(2)原因分析

建筑物的阻隔导致不能接收到无线信号。

(3)解决方法

无线路由器最好放在宽阔的地方,尽量靠近门或窗户。若无线路由具备 WDS 功能则可以使用 WDS(Wireless Distribution System,无线分散系统)跳接到无线中继(Repeater)的作用,由多台 AP 互联,扩大网络连线范围,同时也利于无线网络信号的发送与接收;例如在办公大楼里,将一楼的无线信号传到三楼,让范围内的更多电脑可以互联,如图 5.94 所示。

具备 WDS 功能的 AP,都会提供一个按钮,只要设定好一台路由器。其他为桥接器后,同时按下无线连接按钮就能开始设定。达到 WDS 的必要条件有:

①两台具备 WDS 功能的 AP。

②两台 AP 有相同的 SSID。

③两台 AP 使用相同的无线网络频道。

④两台 AP 启动 WDS,并互设对方的 wireless MAC address。

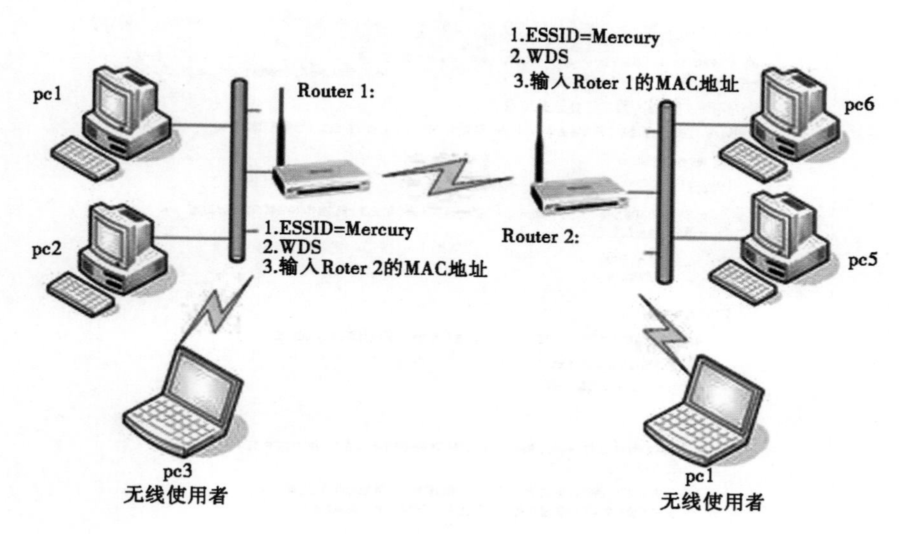

图 5.94

⑤两台 AP 有相同的安全机制。

为了兼容性,建议使用同品牌、同型号的无线 AP 进行 WDS 设定,以提高无线的成功与稳定性。

5)如何设定文件夹在局域网共享

(1)故障现象

局域网资料共享。

(2)原因分析

共享资料需要完成电脑进一步配置,并设定为共享。

(3)排查思路

①控制面板进入“网络和共享中心”,选择左边“更改高级共享设定”,如图 5.95 所示。

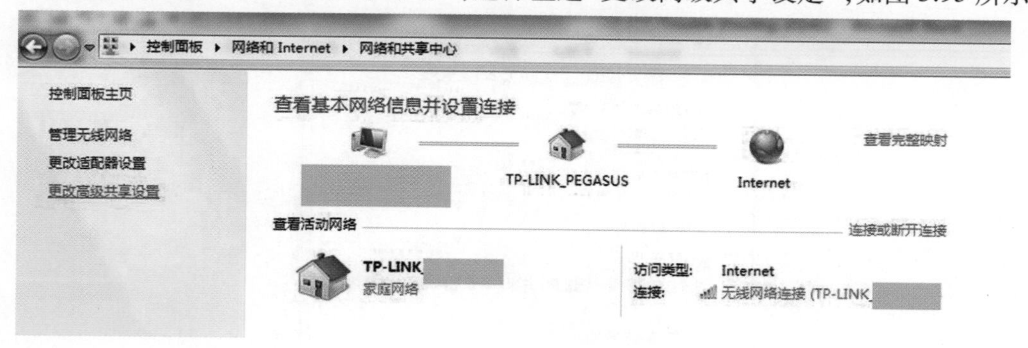

图 5.95

②选择“启用网络发现”“启用文件和打印机共享”以及“家庭组连接”的允许 Windows 管理家庭组连接(推荐),“公用文件夹选项”的“启用共享以便可以访问网络的用户可以读取和写入公用文件夹中的文件”,最后单击“保存修改”,如图 5.96 所示。

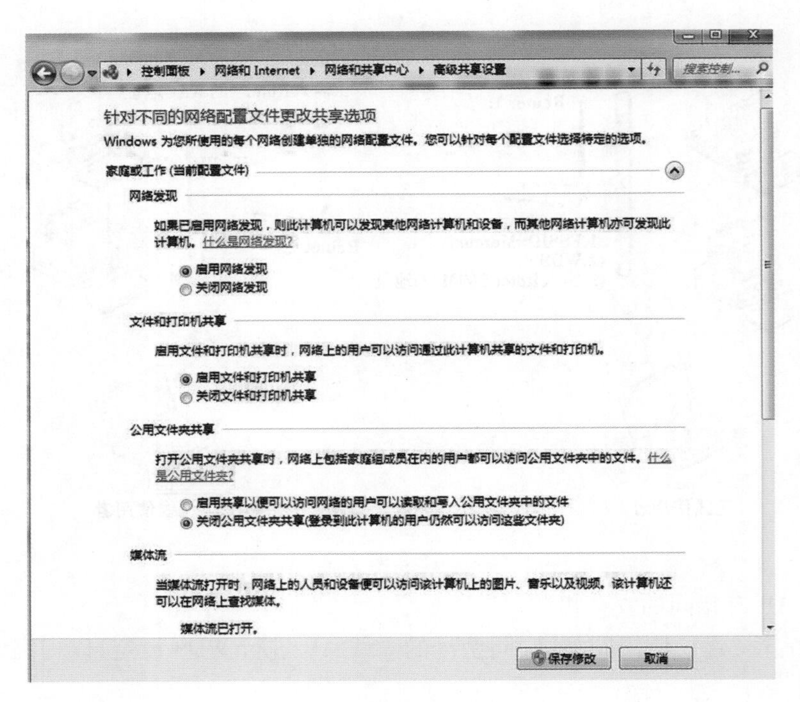

图 5.96

③选取要共享的文件夹，右键选择“属性”，单击“共享”选项。

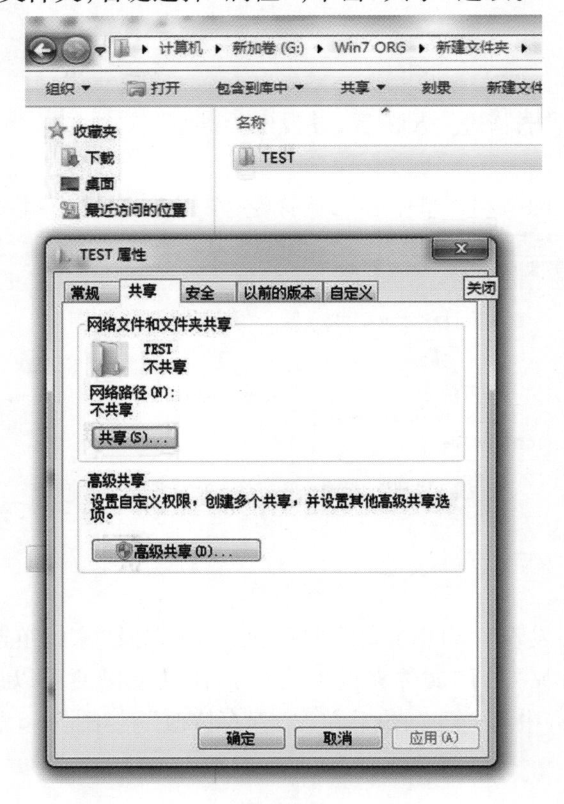

图 5.97

④选择共享给所有人“Everyone”，单击“添加”按钮，如图 5.98 所示。

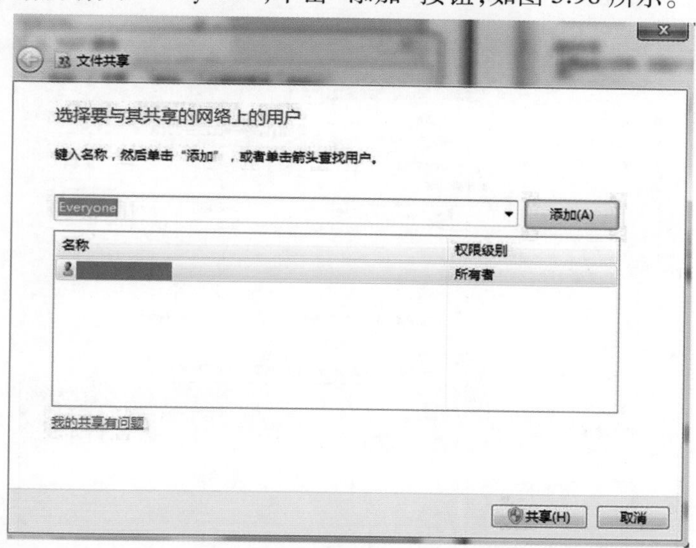

图 5.98

⑤选择“读取”“读/写”或“删除”选项，如图 5.99 所示。

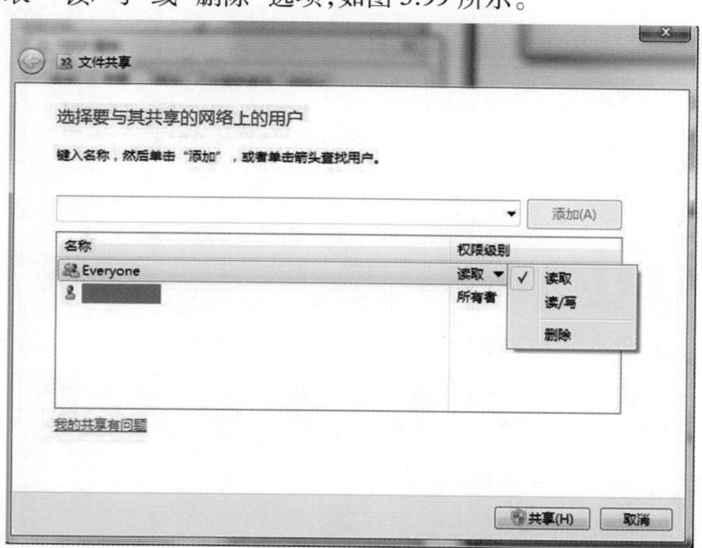

图 5.99

6）如何连接隐藏的 SSID

（1）故障描述

无线路由的 SSID 隐藏，如何添加。

（2）原因分析

需要知道隐藏 SSID 和密码，按步骤操作。

疑难解答
打开网络和共享中心

图 5.100

（3）排查思路

①在无线网路的图标上单击右键选择“打开网络和共享中心”，如图 5.100 所示。

②选择“设置新的连接和网络”，单击“手动连接到无线网络”，如图 5.101 所示。

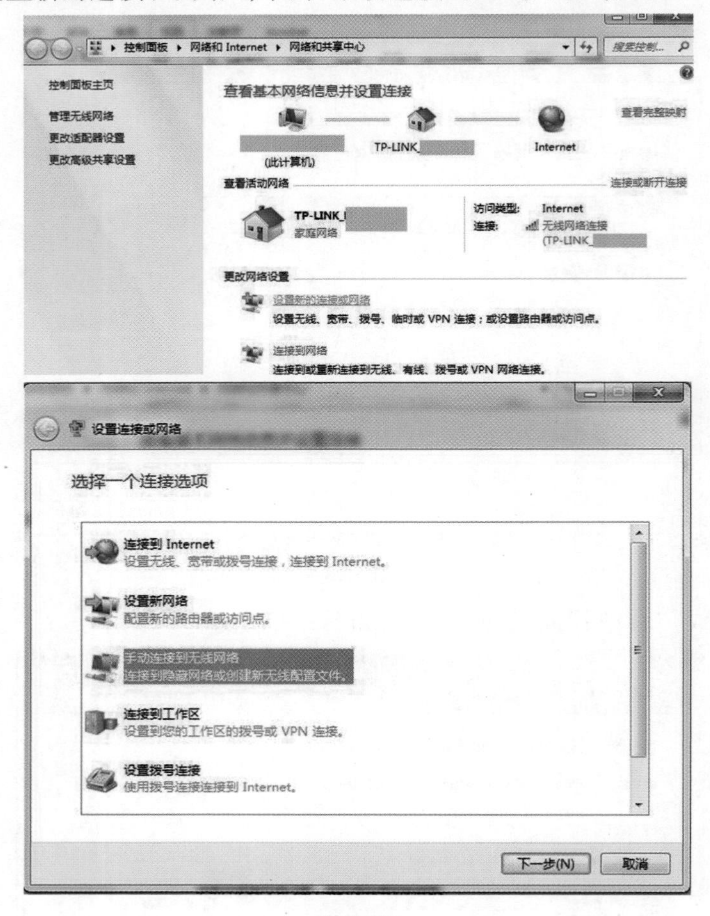

图 5.101

③输入网络名和安全密钥，单击“下一步”按钮，最后关闭，如图 5.102 所示。

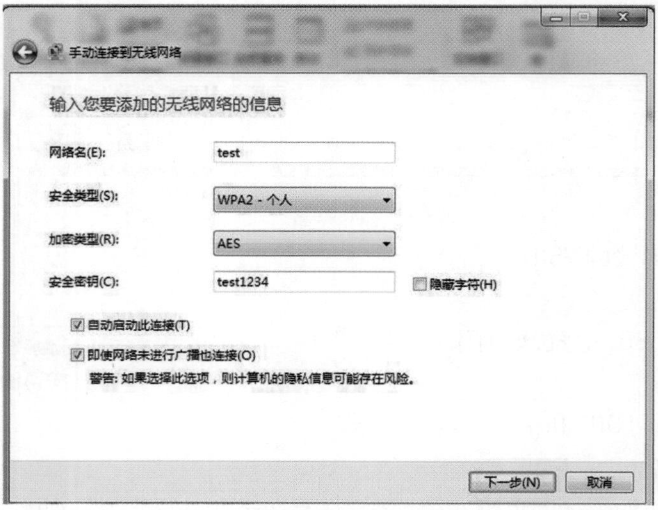

手动连接到无线网络

输入您要添加的无线网络的信息

网络名(E): test

安全类型(S): WPA2 - 个人

加密类型(R): AES

安全密钥(C): test1234 ☐隐藏字符(H)

☑自动启动此连接(T)

☑即使网络未进行广播也连接(O)

警告: 如果选择此选项，则计算机的隐私信息可能存在风险。

下一步(N) 取消

图 5.102

第五节 存储设备故障

硬盘（Hard Disk Drive，HDD），全名是温彻斯特式硬盘，是电脑主要的存储媒介之一，由一个或者多个铝制或者玻璃制的盘片组成。盘片外覆盖有铁磁性材料。

硬盘有固态硬盘（SSD）、机械硬盘（HDD）、混合硬盘（HHD，一块基于传统机械硬盘诞生出来的新硬盘）；SSD 采用闪存颗粒来存储，HDD 采用磁性盘片来存储，混合硬盘（Hybrid Hard Disk，HHD）是将磁性硬盘和闪存集成到一起的一种硬盘。绝大多数硬盘都是固定硬盘，被永久性地密封固定在硬盘驱动器中。

硬盘接口分为 IDE、SATA、SCSI、SAS 和光纤通道 5 种，IDE 接口硬盘多用于家用产品中，也部分应用于服务器，SCSI 接口的硬盘则主要应用于服务器市场，而光纤通道只用于高端服务器上，价格昂贵。SATA 主要应用于家用市场，SATA、SATA Ⅱ、SATA Ⅲ是现在的主流。

（1）IDE

IDE 的英文全称为“Integrated Drive Electronics”，即“电子集成驱动器”，它的本意是指将“硬盘控制器”与“盘体”集成在一起的硬盘驱动器。把盘体与控制器集成在一起的做法减少了硬盘接口的电缆数目与长度，数据传输的可靠性得到了增强，使硬盘制造起来变得更容易，因为硬盘生产厂商不需要再担心自己的硬盘是否与其他厂商生产的控制器兼容。对用户而言，硬盘安装起来也更为方便。IDE 这一接口技术从诞生至今就一直在不断发展，性能也不断提高，其拥有的价格低廉、兼容性强的特点，造就了其他类型硬盘无法替代的地位。

（2）SATA

使用 SATA（Serial ATA）口的硬盘又称为串口硬盘，是 PC 机硬盘的趋势。2001 年，由 Intel、APT、Dell、IBM、希捷、迈拓这几大厂商组成的 Serial ATA 委员会正式确立了 Serial ATA 1.0 规范；2002 年，虽然串行 ATA 的相关设备还未正式上市，但 Serial ATA 委员会已抢先确立了 Serial ATA 2.0 规范。Serial ATA 采用串行连接方式，串行 ATA 总线使用嵌入式时钟信号，具备了更强的纠错能力，与以往相比其最大的区别在于能对传输指令（不仅仅是数据）进行检查，如果发现错误会自动矫正，这在很大程度上提高了数据传输的可靠性。串行接口还具有结构简单、支持热插拔的优点。

（3）SCSI

SCSI 的英文全称为“Small Computer System Interface”（小型计算机系统接口），是同 IDE（ATA）完全不同的接口，IDE 接口是普通 PC 的标准接口，而 SCSI 并不是专门为硬盘设计的接口，是一种广泛应用于小型机上的高速数据传输技术。SCSI 接口具有应用范围广、多任务、带宽大、CPU 占用率低，以及热插拔等优点，但较高的价格使得它很难如 IDE 硬盘般普及，因此 SCSI 硬盘主要应用于中、高端服务器和高档工作站中。

（4）SAS

SAS（Serial Attached SCSI）即串行连接 SCSI，是新一代的 SCSI 技术，和现在流行的 Serial ATA（SATA）硬盘相同，都是采用串行技术以获得更高的传输速度，并通过缩短连接线改善内部空间。SAS 是并行 SCSI 接口之后开发出的全新接口。此接口的设计是为了改善存储系统的效能、可用性和扩充性，并且提供与 SATA 硬盘的兼容性。

（5）光纤通道

光纤通道的英文拼写是 Fibre Channel，和 SCSI 接口一样，光纤通道最初也不是为硬盘设计开发的接口技术，是专门为网络系统设计的，但随着存储系统对速度的需求，才逐渐应用到硬盘系统中。光纤通道硬盘是为提高多硬盘存储系统的速度和灵活性才开发的，它的出现大大提高了多硬盘系统的通信速度。光纤通道的主要特性有：热插拔性、高速带宽、远程连接、连接设备数量大等。

1.硬盘故障

1）系统不能引导

（1）故障描述

系统不能引导，系统不能安装。

```
Reboot and Select proper Boot device
or Insert Boot Media in selected Boot device and press a key_
```

图 5.103

（2）原因分析

BIOS 设定错误，硬盘数据线或电源线连接错误，主板功能异常。IDE 硬盘跳线设定错误。

（3）排查思路

①如故障现象为装不进系统，蓝屏死机，不进系统，请查看对应章节的维修思路。

②将硬盘挂载到移动硬盘盒，连接到另外一台电脑看能否读出数据。如可以，先进行数据备份，数据备份见对应章节。

③检查 BIOS 中是否能识别硬盘，硬盘模式是否选择正确。

④SATA 或 IDE 硬盘数据线和电源线是否连接正确。若同一根 IDE 排线上连接两个硬盘，注意 IDE 跳线是否连接正确，主引导硬盘要选择 Master 连接跳线，从盘选择 Slave 连接跳线，如图 5.104 所示。

使用硬盘检测工具，检查引导分区是否出错，是否存在坏道。如存在坏道建议更换新硬盘。

◆中文硬盘分区表维护软件：DiskGenius。

◆硬盘坏道屏蔽修复工具：HDD Regenerator。

2）删除文件时出现“无法删除###：存取被拒绝”对话框

（1）故障描述

删除文件时出现“无法删除###：存取被拒绝”对话框。

图 5.104

(2)原因分析

文件被系统使用,文件被加锁。

(3)排查思路

①文件被使用。按“Ctrl+Shift+Esc”启动任务管理器,结束被占用的任务,如图 5.105 所示。

图 5.105

②用第三方软件解锁:有时用户不知道哪个程序正在使用被锁定的文件,可以通过 Unlocker 这个第三方专用程序解锁。即在文件夹上单击右键,执行“Unlocker”命令,如图 5.106 所示。

③即使工具未发现文件有被锁住的状况,仍能通过选取相关功能,单击“确定”按钮,处理无法删除的文件,如图 5.107 所示。

3)移动文件耗用时间太久,而且时常中断

(1)故障现象

复制或移动文档时,耗费的时间太久,而且经常会中断。

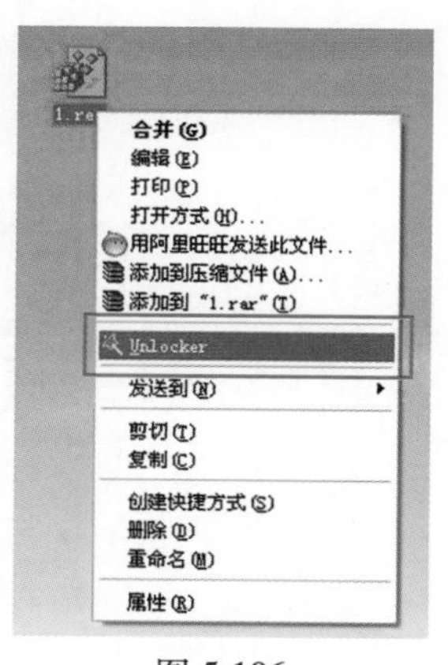

图 5.106

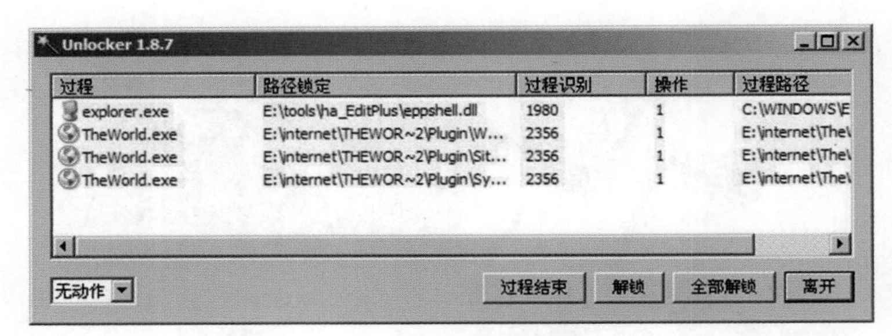

图 5.107

(2)排查思路

①远程差异压缩功能:停用该功能,如图 5.108 所示。

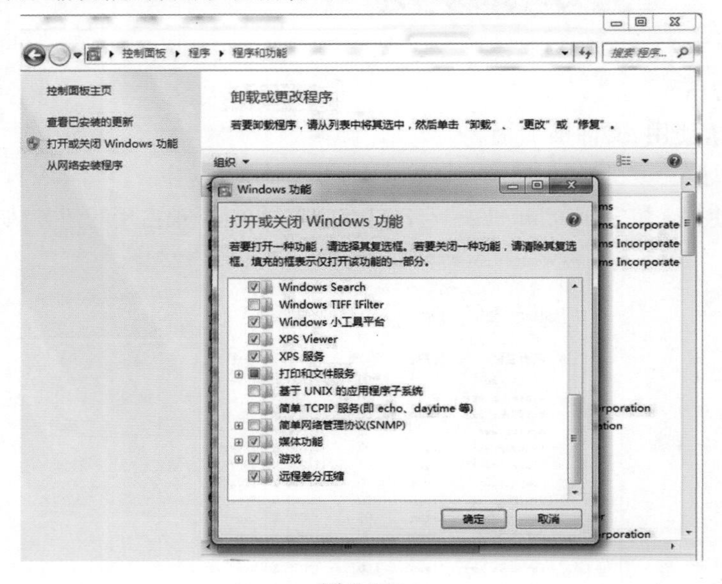

图 5.108

②硬盘有坏道。备份硬盘重要资料,检查或修复可能损坏的轨道。右键单击需要修复的分区,选择“属性”→“工具”→“检查”,再选择“开始扫描”,系统开始执行,如图 5.109 所示。

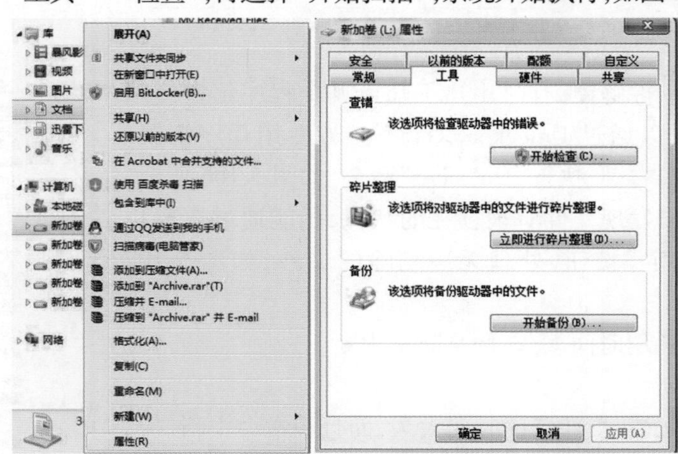

图 5.109

③更换硬盘。

4)硬盘运转时有咯咯声

(1)故障现象

硬盘运转时,噪声大。

(2)原因分析

硬盘转速在 7 200 rpm(r/min)以上,如此高速必然会产生声音。不同硬盘的声响有差异。若声音很大要注意是否有硬盘锁紧或硬盘损坏。

图 5.110

(3)排查思路

①检查硬盘螺丝是否锁紧,如图 5.110 所示。

②备份重要资料,检查硬盘是否有坏道。

③更换硬盘。

5)电脑无法识别移动硬盘

(1)故障现象

识别不到移动硬盘。

(2)原因分析

数据线或移动硬盘损坏,USB 接口问题。

(3)排查思路

①看使用其他 USB 接口是否能识别到移动硬盘。

②将移动硬盘连接到其他电脑检测。

③按"Win+R",打开"运行"选项,输入"regedit",单击"确定"按钮。

④如图 5.111 所示,进入 usbehci,编辑 Start 字符,将值改为 3 或 2,单击"确定"按钮。完成后,重新开机尝试连接 USB 硬盘。

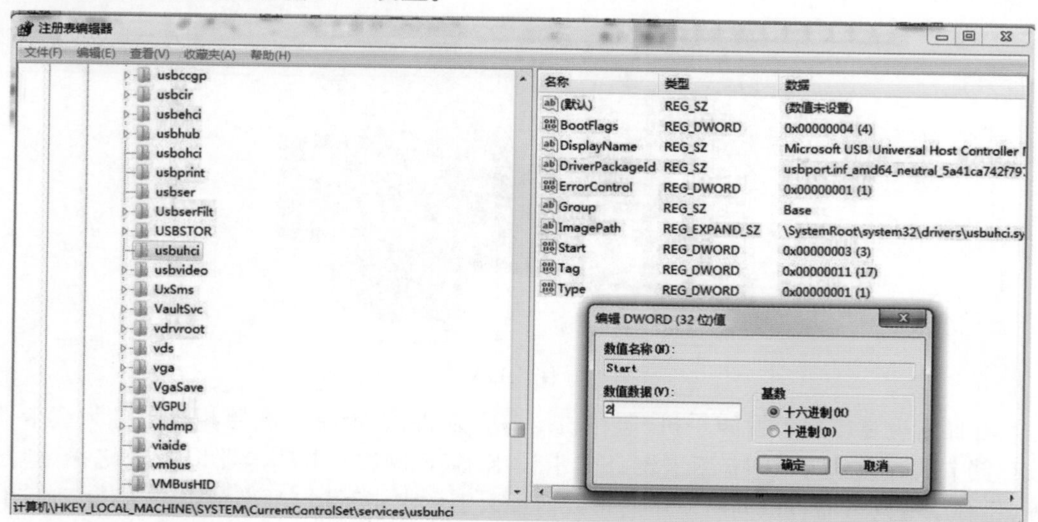

图 5.111

6)安装的新硬盘识别不到

(1)故障现象

连接的新硬盘识别不到。

(2)原因分析

电源或数据线连接不紧,BIOS 中设定错误。

(3)排查思路

①进入 BIOS 下看是否侦测到新硬盘,若无则检查硬盘的电源线和数据线是否连接正确。

②系统下识别不到:新的硬盘完全未使用,需要通过 Windows 初始化,进入"磁盘管理",接着出现"新建简单卷"或手动完成设定,如图 5.112 所示。

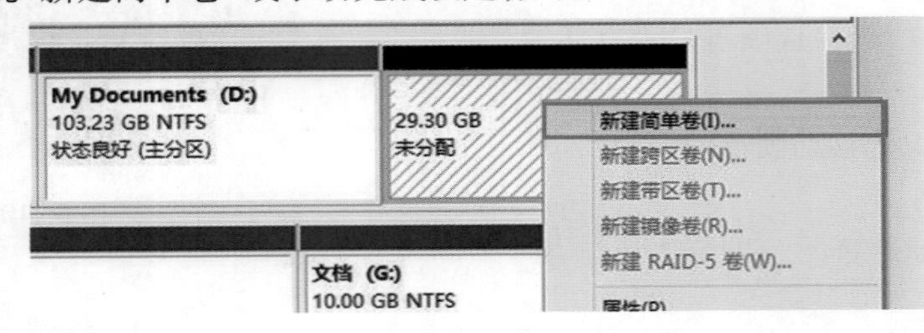

图 5.112

2.读卡器故障

读卡器(Reader)是一种读卡设备,由于卡片种类较多,所以读卡器的含义覆盖范围比较广。根据卡片类型的不同,可以将其分为 IC 卡读卡器,包括接触式 IC 卡,遵循 ISO 7816 接口标准;非接触式 IC 卡读卡器,遵循 ISO 14443 接口标准;远距离读卡器,遵循 ETC 国标 GB 20851 接口标准。存储卡的接口也不太统一,主要类型有 CF 卡、SD 卡、MiniSD 卡、SM 卡、Memory Stick 卡等,如图 5.113 所示。

图 5.113

存储卡大量应用于智能手机、照相机。广义来讲,智能手机和照相机也称为读卡器。按存储卡的种类分为 CF 卡读卡器、SM 卡读卡器、PCMICA 卡读卡器以及记忆棒读写器等,还有双槽读卡器可以同时使用两种或两种以上的卡;按端口类型分可分为串行口读卡器、并行口读卡器、USB 读卡器。

(1)故障现象

不能识别存储卡,提示格式化存储卡。

(2)原因分析

读卡器驱动故障，硬件故障。

(3)维修流程

①查看硬件管理，读卡器是否能够识别到，驱动是否正常，如图 5.114 所示。

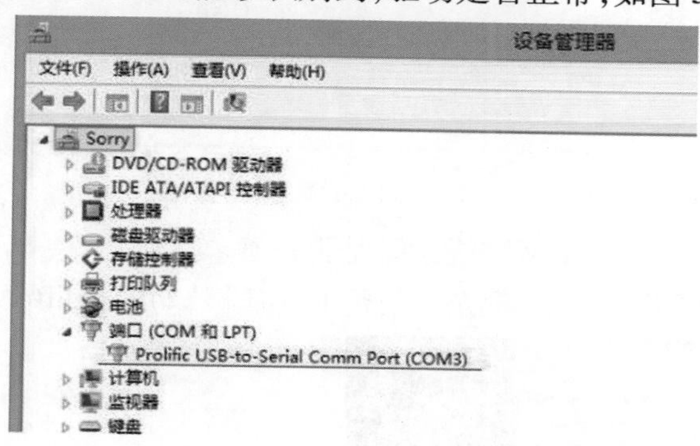

图 5.114

②将存储卡放到其他读卡器/手机上查看是否能正常读出。

③使用其他型号的存储卡测试，若仍不能读出则拆机更换硬件。

3.光驱故障

光驱，电脑用来读写光盘内容的机器，也是在台式机和笔记本便携式电脑里比较常见的一个部件。随着多媒体的应用越来越广泛，使得光驱在计算机诸多配件中已经成为标准配置。光驱可分为 CD-ROM 驱动器、DVD 光驱(DVD-ROM)、康宝(COMBO)、蓝光光驱(BD-ROM)和刻录机等。

激光头是最怕灰尘的，很多光驱长期使用后，导致识盘率下降，所以平时不要将托架留在外面，也不要在电脑周围吸烟。而且不用光驱时，尽量不要将光盘留在驱动器内，因为光驱要保持“一定的随机访问速度”，所以盘片在其内会保持一定的转速，这样就加快了电机老化(特别是塑料机芯的光驱更易损坏)。另外在关机时，如果劣质光盘留在离激光头很近的地方，当电机转起来后很容易划伤激光头。

散热问题也是非常重要的，一定要注意电脑的通风条件及环境温度的高低，机箱的摆放一定要保证光驱保持在水平位置，否则在光驱高速运行时，其中的光盘将不可能保持平衡，会对激光头产生致命的碰撞而损坏，同时对光盘的损坏也是致命的，所以在光驱运行时要注意听一下发出的声音，如果有光盘碰撞的噪声请立即调整光盘、光驱或机箱位置。

1)不读盘

(1)故障现象

不读盘。

(2)原因分析

排线接触不良，盘片问题，光驱硬件故障。

(3)维修流程

①查看计算机下是否有显示光驱，如图 5.115 所示。

台式机如不显示，检查光驱电源线和数据线是否接触良好。如使用 IDE 接口光驱，并

图 5.115

和 IDE 硬盘公用数据线，注意主从跳线设置是否正确。

笔记本电脑若为可拆卸类型，看光驱是否卡入插槽，如图 5.116 所示。

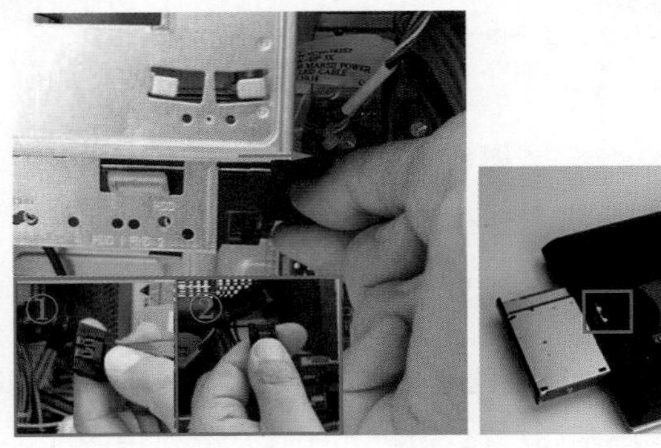

图 5.116

②尝试其他光盘是否可读，如均不读盘，拆机更换光驱。

2）虚拟烧录成功，正式烧录失败

（1）故障现象

使用 Nero 等烧录软件显示模拟烧录成功，但正式开始烧录时出现烧录失败的信息，如图 5.117 所示。

图 5.117

（2）原因分析

烧录软件的“模拟烧录”和“烧录”功能差别在于读写头是否发出激光光束，其他操作完全相同。模拟烧录可以测试即将烧录的文档是否正常，硬盘转速是否正常，剩余磁盘空间是否足够等因素，但无法测试待烧录的空白光盘是否正常或者刻录机的读写头是否正常。

(3)维修流程

①光盘不兼容：一般盘片上会标识支持的读写规格（DVD 的读写速度在 8X~24X 不等），但光驱的最大速度并不是能达到的最佳烧录效果，因此不建议使用光盘所支持的最大速度。除了降低读写速度，还可以更换品质更好的光盘，通常可以避免烧录失败。

②降低刻录机的读写速度：考虑刻录机与光盘所支持的烧录速度，尽量不要以两者最大工作速度执行任务。例如：若刻录机支持 24X 倍速的写入、光盘支持 16X 写入，则建议使用 4X~8X 来烧录光盘，BD-RW 蓝光刻录机可以使用 2X 写入，如图 5.118 所示。

图 5.118

③更换品质好的刻录盘片。如果已经设置合理的烧录速度，仍然烧录失败，建议更换其他品牌的盘片。

④刻录机读写头老化。由于刻录机是易损设备，超过 2~3 年可能使激光头功率下降导致烧录失败，建议更换拆机维修或更换光驱。

3)光驱识别不到插入的盘片

(1)故障现象

光盘和光驱品质很好，但是在电脑上识别不到盘片。

(2)原因分析

刻录光驱是好的，如果电脑扩展设备多、电源功率不够，会出现供电不足，就会发生此类故障。

(3)维修流程

查出多余的外设，或更换功率更大的电源，如将电源功率提升到 400~450 W 以上。

4)刻录的 CD 无法在其他音响设备上播放

(1)故障现象

使用刻录光驱烧录的音乐在其他 CD 机上无法正常播放。

(2)原因分析

家用音响识别资料不如电脑，因此音乐光盘是有专用的烧录格式的，如果像烧录资料档案那样将音乐烧录到光盘，那么可能会造成音响设备无法识别。

(3)维修流程

使用烧录软件提供的音乐 CD 烧录模式,而不要使用资料方式烧录。以 Windows Media Player 为例,烧录时要选“音频(CD)”,如图 5.119 所示。

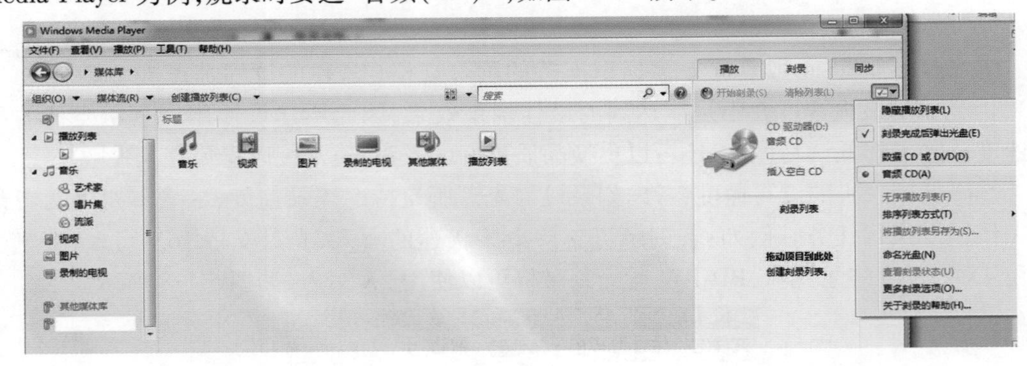

图 5.119

5)烧录的音乐 CD 有杂音或爆音

(1)故障现象

烧录的音乐 CD 有杂音或爆音。

(2)原因分析

刻录机在刻录音轨时出现错误,这通常是由于刻录速度过快导致,因此要降速刻录。

(3)维修流程

预设的烧录速度过快,可以通过手动降低烧录速度,达到提高烧录品质的目的,如图 5.120 所示。

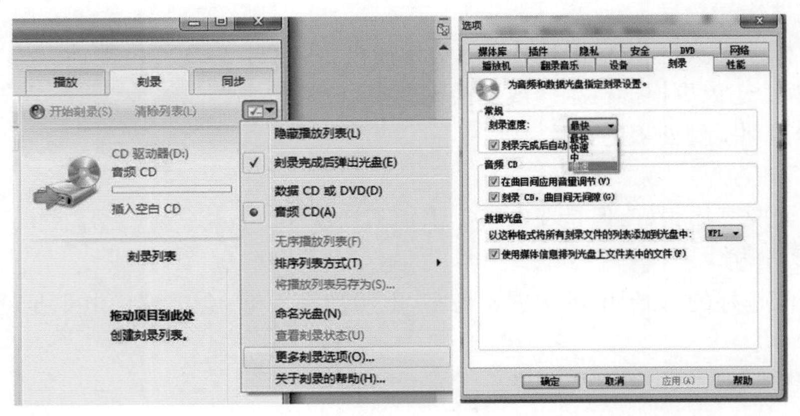

图 5.120

6)光盘托盘无法弹出

(1)故障现象

按下光驱的出仓按钮,托盘无反应。

(2)原因分析

按钮不良或光驱机构内部传动皮带断裂。

(3)维修流程

光驱前面板通常有一个紧急退片的针孔,如果遇到托盘无法弹出,可以使用细针轻触弹片，再手动将托盘拉出，光驱送修，如图 5.121 所示。

图 5.121

第六节　其他外设故障

1.USB 故障

USB，是英文 Universal Serial Bus（通用串行总线）的缩写，而其中文简称为“通串线”，是一个外部总线标准，用于规范电脑与外部设备的连接和通信。是应用在 PC 领域的接口技术。USB 接口支持设备的即插即用和热插拔功能。USB 是在 1994 年年底由英特尔、康柏、IBM、Microsoft 等多家公司联合提出的。

从 1994 年 11 月 11 日发表了 USB V0.7 版本以后，USB 版本经历了多年的发展，已经发展为 3.1 版本，成为当前电脑中的标准扩展接口。当前主板中主要是采用 USB1.1 和 USB2.0，各 USB 版本间能很好的兼容。USB 用一个 4 针（USB3.0 标准为 9 针）插头作为标准插头，采用菊花链形式可以将所有的外部设备连接起来，最多可以连接 127 个外部设备，并且不会损失带宽。USB 需要主机硬件、操作系统和外设 3 个方面的支持才能正常工作。当前的主板一般都采用支持 USB 功能的控制芯片组，主板上也安装有 USB 接口插座，而且除了背板的插座之外，主板上 USB 接口还预留有 USB 插针，可以通过连线接到机箱前面作为前置 USB 接口以方便使用（注意，在接线时要仔细阅读主板说明书并按图连接，千万不可接错而使设备损坏）。而且 USB 接口还可以通过专门的 USB 连机线实现双机互连，并可以通过 Hub 扩展出更多的接口。USB 具有传输速度快（USB1.1 是 12 Mbps，USB2.0 是 480 Mbps， USB3.0 是 5 Gbps），使用方便，支持热插拔，连接灵活，独立供电等优点，可以连接鼠标、键盘、打印机、扫描仪、摄像头、闪存盘、MP3、手机、数码相机、移动硬盘、外置光软驱、USB 网卡、ADSL Modem、Cable Modem 等，几乎所有的外部设备。

USB 接口可用于连接多达 127 个外设，如鼠标、调制解调器和键盘等。USB 自从 1996 年推出后，已成功替代串口和并口，并成为当今个人电脑和大量智能设备的必配接口之一。

USB 各版本号、最大传输速率、速率称号、最大输出电流协议、推出时间

◆USB1.0：1.5 Mbps（192 KB/s）低速（Low-Speed）500 mA...1996 年 1 月；

◆USB1.1：12 Mbps（1.5 MB/s）全速（Full-Speed）500 mA...1998 年 9 月；

◆USB2.0：480 Mbps（60 MB/s）高速（High-Speed）500 mA...2000 年 4 月；

◆USB3.0：5G-10 Gbps（640 MB/s）超速（Super-Speed）900 mA...2008 年 11 月。

1) 不能识别 USB 设备

(1) 故障描述

USB 设备不能识别，提示 USB 设备未正确识别，运行不正常，如图 5.122 所示。

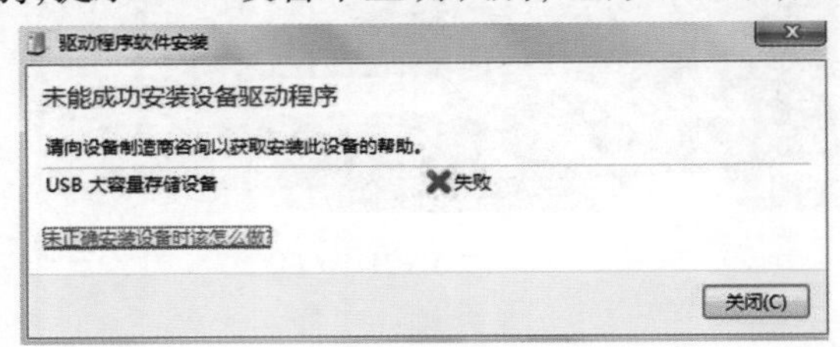

图 5.122

(2) 原因分析

USB 外部设备故障、USB 驱动异常、BIOS 设置异常、USB 接口故障。

(3) 排查思路

①排除 USB 设备问题，将 USB 设备连接到其他电脑测试是否能正确识别。若使用手机连接到电脑，是否选择正确连接方式。HT 手机如图 5.123 所示。设备是否需要外接供电或辅助 USB 供电。

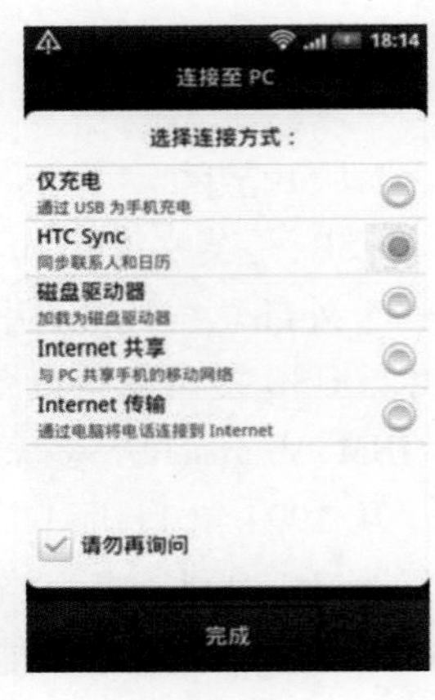

图 5.123

②若 USB 外部设备正常。请关闭杀毒软件和防火墙，连接测试电脑的所有 USB 接口是否都不能使用，若不能使用进入设备管理器更新 USB 设备驱动，如图 5.124 所示。

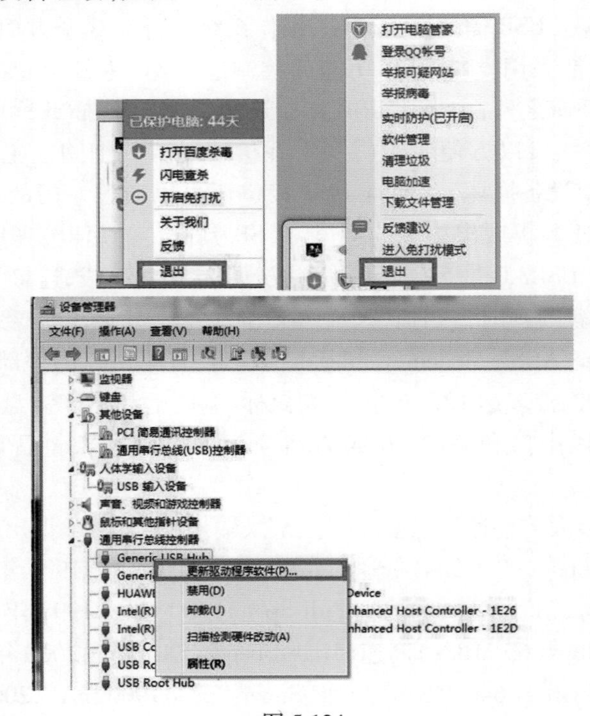

图 5.124

③查看 BIOS 中 USB 设置,是否打开(Enable),如图 5.125 所示。

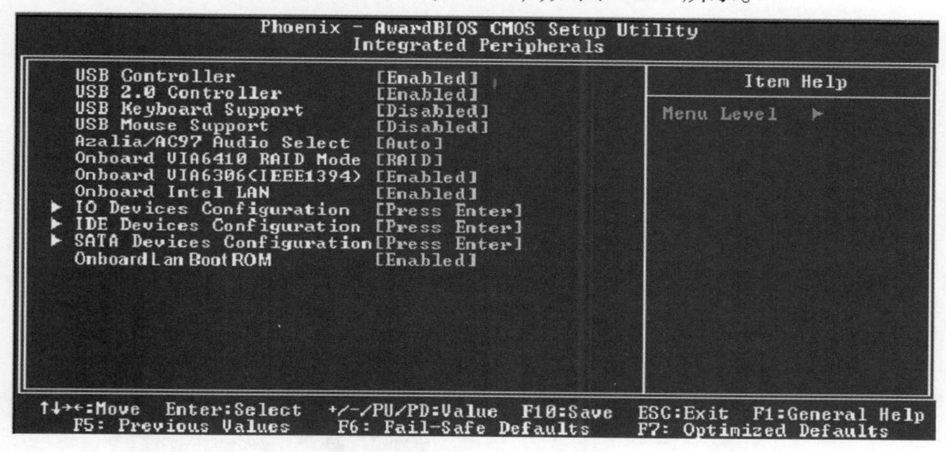

图 5.125

④若台式机前面板 USB 不能用,需打开机箱查看前面板 USB 是否连接正确,如图 5.126所示。

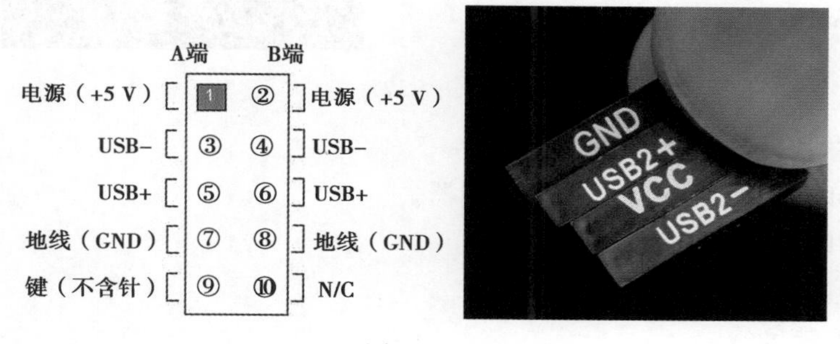

图 5.126

⑤更新主板 BIOS。

⑥拆解更换 USB 控制模块(部分型号笔记本)或更换主板。

2)插 USB 设备死机或掉电

(1)故障描述

连接 USB 设备死机或掉电。

(2)原因分析

客户误操作、USB 驱动故障、USB 控制器损坏。

(3)排查思路

①在进入操作系统桌面之前或关闭系统时不要插入或拔出 USB 设备,这会导致系统不稳定。开机过程电脑要进行设备检查,这时插入设备会导致系统不稳。

②排除 USB 设备本身故障,可用其他电脑检测。

③检查每个接口是否都是相同故障。若只有一个接口故障基本可以判定是硬件故障,需要拆机更换模组或主板。

④若所有接口都是相同问题,使用 Win PE USB 系统检测是否问题相同。若问题消失则确认为系统软件故障,需备份文件后重新安装系统。

⑤若 Win PE USB 系统也是相同故障，则需更换模组或主板。

3）前置 USB 不能用

（1）故障描述

接前置 USB 无反应。

（2）原因分析

未接入前置 USB 数据线到主板对应接口，接错线。

（3）排查思路

①若台式机前面板 USB 不能用，需打开机箱查看前面板 USB 是否连接正确，如图 5.127所示。

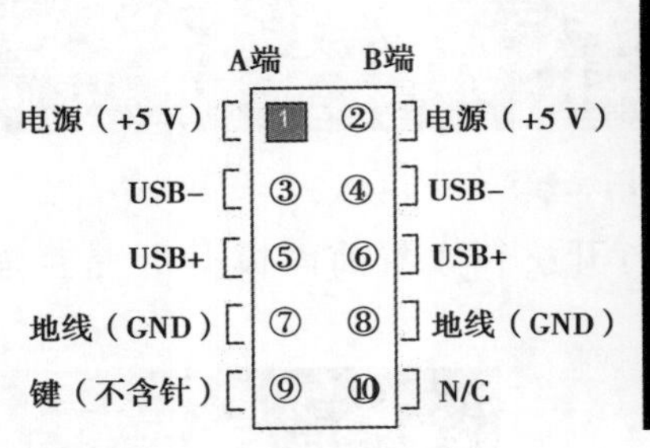

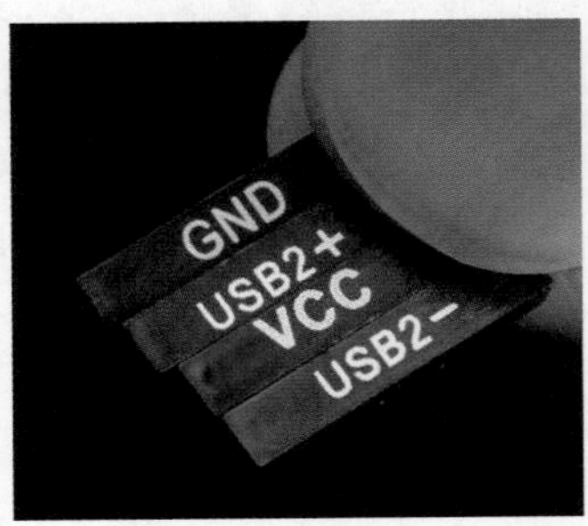

图 5.127

②更换主机其他前置连线再确认。

③检查 BIOS 中是否开启了 USB 控制器。

④更新 BIOS。

⑤拆机更换主板。

4）USB3.0 速度慢

（1）故障描述

USB3.0 设备接入 USB3.0 接口只有 35 MB/s 左右（USB2.0）的速度，实际应为 100 MB/s。

（2）原因分析

未使用 USB3.0 数据线，USB3.0 接口没有正确安装驱动，主板故障。

（3）排查思路

①由 USB2.0 与 USB3.0 数据线外观比较可知。USB2.0 有 4 根线，USB3.0 有 8 根线。由于 USB3.0 设备向下兼容，如使用 USB2.0 数据线，设备也能工作，但速度只是 2.0 的，如图 5.128 所示。

图 5.128

②检查 USB3.0 设备驱动是否安装正常,如图 5.129 所示。

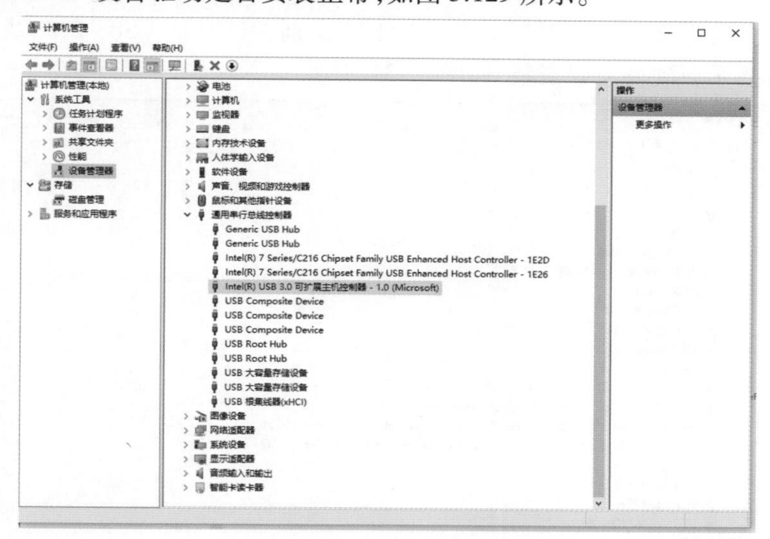

图 5.129

③更新主板 BIOS。

④拆机更换 USB3.0 模组或主板。

⑤USB3.0 前置不能用,注意连线是否正确,如图 5.130 所示。

图 5.130

2.摄像头故障

摄像头(CAMERA)又称为电脑相机、电脑眼、电子眼等,是一种视频输入设备,被广泛应用于视频会议,远程医疗及实时监控等方面。人们可以彼此通过摄像头在网络进行有影像、有声音的交谈和沟通。还可以将其用于当前各种流行的数码影像、影音处理。

工作原理:景物通过镜头(LENS)生成的光学图像投射到图像传感器表面上,然后转为电信号,经过 A/D(模数转换)转换后变为数字图像信号,再送到数字信号处理芯片(DSP)中加工处理,再通过 USB 接口传输到电脑中处理,通过显示器就可以看到图像了。

1)未识别到摄像头

(1)故障现象

未识别到摄像头,摄像头不能打开。

(2)原因分析

摄像头驱动异常,摄像头设置错误。

(3)排查思路

①检查设备管理器是否识别到摄像。若不能识别尝试其他 USB 接口，或连接到其他电脑看是否有提示新硬件需要安装，如图 5.131 所示。

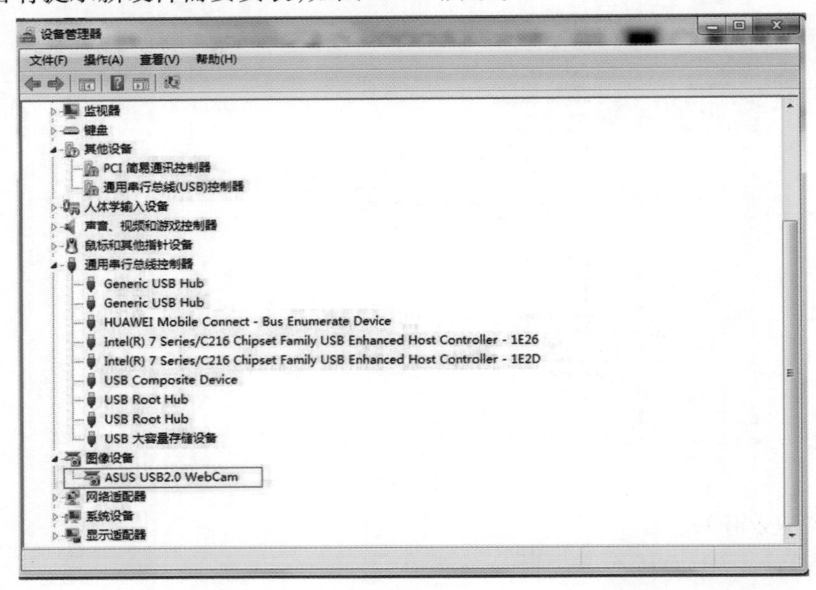

图 5.131

②更新摄像头驱动，可使用驱动精灵找到合适的摄像头驱动软件。

③Windows 7 摄像头正常安装后，需要借助使用摄像头的软件进行调试，如 QQ、Skype 等。以下是使用 QQ 检测摄像头的方法，如图 5.132 所示。

选择摄像头图标，选择视频设置，选择在使用的摄像头。

图 5.132

2)摄像头倒置

(1)故障现象

摄像头显示倒置、倒像。

(2)原因分析

摄像头驱动异常。

(3)排查思路

①看到设备管理器中所有设备都是正常的,但这并不能说明它们真的完全正常工作了,如图 5.133 所示。

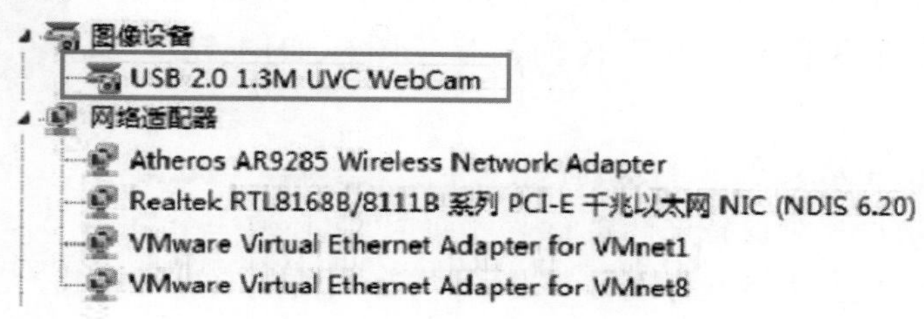

图 5.133

②查看摄像头的硬件 id,在"USB 2.0 1.3M UVC WebCam 右键属性"→"详细信息"→"硬件 ID"里可以找到,如图 5.134 所示。

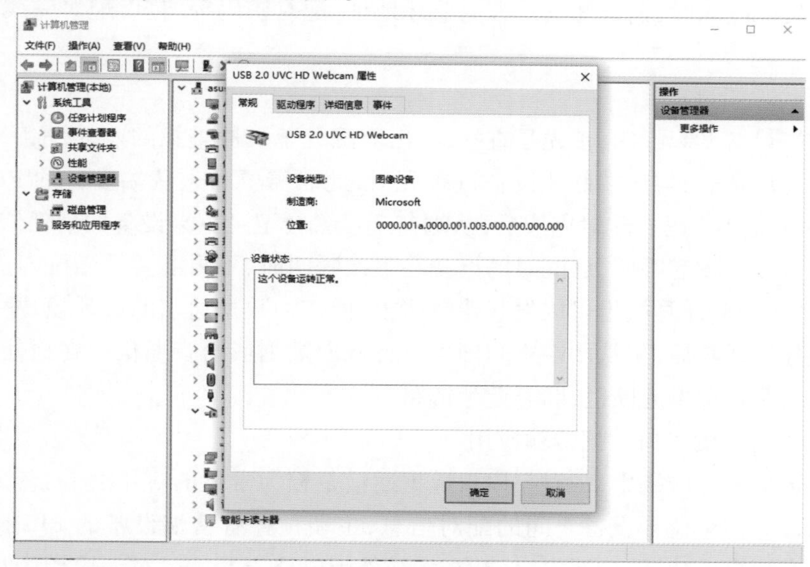

图 5.134

③到官网下载专区下载驱动,例如华硕 k40ab,系统是 Windows7 32 位的,找到摄像头驱动,发现摄像头有两个驱动程序。版本分别是"V6.5853.77.012"与"V061.005.200.260",且更新时间一致。按照摄像头的硬件 ID 是 USB\VID_04F2&PID_B071&REV_1515&MI_00,发现后面一个版本为 V061.005.200.260。

④将原有驱动卸载,然后解压下载的驱动后直接安装,重启后生效,摄像头即恢复正常。

3.蓝牙故障

蓝牙,是一种支持设备短距离通信(一般 10 m 内)的无线电技术。能在包括移动电话、PDA、无线耳机、笔记本电脑、相关外设等众多设备之间进行无线信息交换。利用"蓝牙”技术，能够有效地简化移动通信终端设备之间的通信，也能够成功简化设备与因特网之间的通信，从而使数据传输变得更加迅速高效，为无线通信拓宽道路。蓝牙采用分布式网络结构以及快跳频和短包技术，支持点对点及点对多点通信，工作在全球通用的2.4 GHz ISM（即工业、科学、医学）频段。其数据速率为1 Mbps，采用时分双工传输方案实现全双工传输。蓝牙图标如图5.135所示。

图5.135

1）蓝牙通信的主从关系

蓝牙技术规定每一对设备之间进行蓝牙通信时，必须一个为主角色，另一为从角色，才能进行通信。通信时，必须由主端进行查找，发起配对，建立链接成功后，双方即可收发数据。理论上，一个蓝牙主端设备，可同时与7个蓝牙从端设备进行通信。一个具备蓝牙通信功能的设备，可以在两个角色间切换，平时工作在从模式，等待其他主设备其他来连接，需要时，转换为主模式，向其他设备发起呼叫。一个蓝牙设备以主模式发起呼叫时，需要知道对方的蓝牙地址，配对密码等信息，配对完成后，可直接发起呼叫。

2）蓝牙的呼叫过程

蓝牙主端设备发起呼叫，首先是查找，找出周围处于可被查找的蓝牙设备。主端设备找到从端蓝牙设备后，与从端蓝牙设备进行配对，此时需要输入从端设备的PIN码，也有设备不需要输入PIN码。配对完成后，从端蓝牙设备会记录主端设备的信任信息，此时主端即可向从端设备发起呼叫，已配对的设备在下次呼叫时，不再需要重新配对。已配对的设备，作为从端的蓝牙耳机也可以发起建链请求，但作为数据通信的蓝牙模块一般不发起呼叫。链路建立成功后，主从两端之间即可进行双向数据或语音通信。在通信状态下，主端和从端设备都可以发起断链，断开蓝牙链路。

3）蓝牙一对一的串口数据传输应用

在蓝牙数据传输应用中，一对一串口数据通信是较为常见的应用之一，蓝牙设备在出厂前即提前设好两个蓝牙设备之间的配对信息，主端预存有从端设备的PIN码、地址等，两端设备加电即自动建链，透明串口传输，无须外围电路干预。一对一应用中从端设备可以设为两种类型：一是静默状态，即只能与指定的主端通信，不被别的蓝牙设备查找；二是开发状态，既可被指定主端查找，也可以被别的蓝牙设备查找建链。

（1）故障现象

蓝牙不能连接到电脑。

（2）原因分析

电脑蓝牙设备软件或驱动异常。

（3）排查思路

①进入设备管理器，看是否识别到蓝牙设备，如图5.136所示。

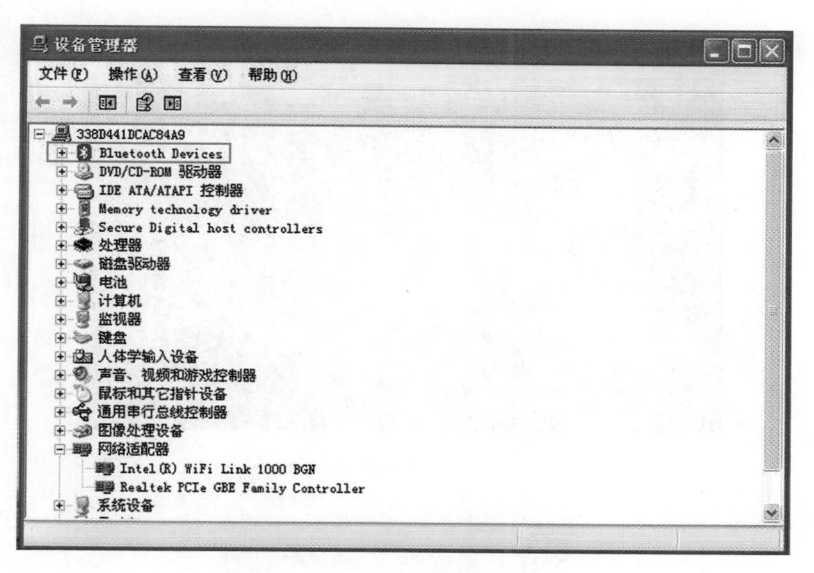

图 5.136

②蓝牙设备应用软件[illegible]常运行，若不能运行则重新安装。开启蓝牙后，蓝牙指示灯是否亮起，如图 5.137 [illegible]

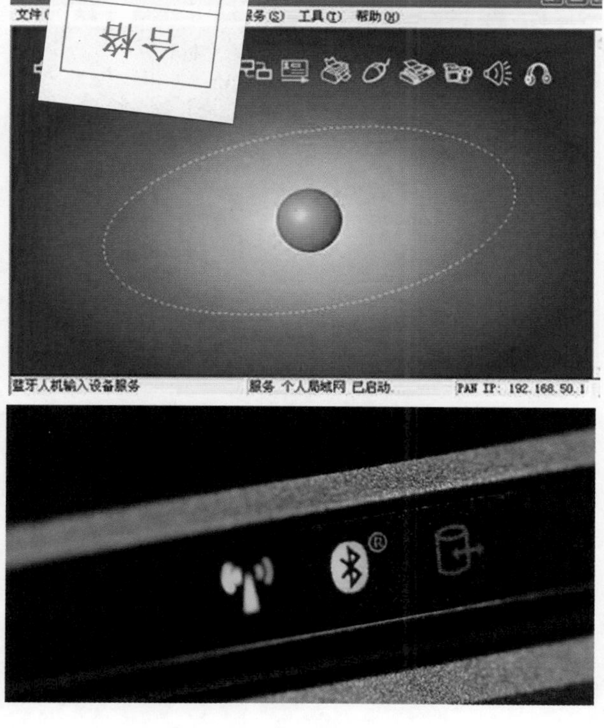

图 5.137

③尝试使用电脑的蓝牙连接其他类型的蓝牙设备，如图 5.138 所示。

④拆机更换蓝牙模块或主板，如图 5.139 所示。

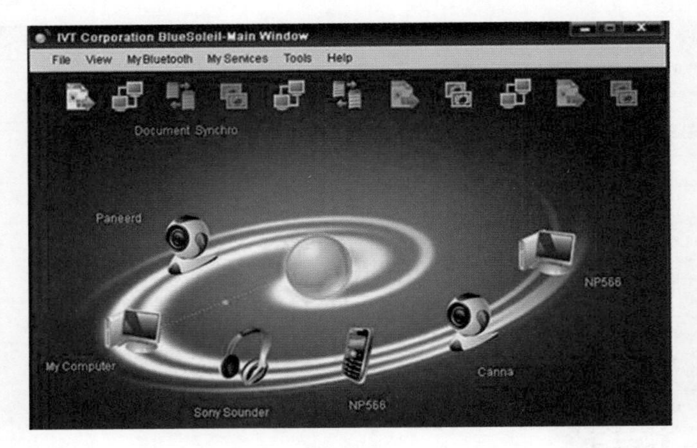
IVT Corporation BlueSoleil-Main Window
File View MyBluetooth My Services Tools Help
Document Synchro
Paneerd
NP566
My Computer
Sony Sounder
NP566
Canna

图 5.138

CCAI11LP3190T0
Lebanon:1093/O&M/2012
Jordan:TRC/SS/2012/13
Sertifikat No.:SŞ/2-ŞIV-159
Kuwait:MC/M/5/7-12221
COFETEL:RCPATAR11-0210-A1
MIC:A0213160312AE01A2
ETA:1661/2011/WRLO
ETA:1662/2011/WRLO
Qatar:ICTQATAR/RT/2012/R-1617
Ecuador:SUPERTEL-2012-001681
ICASA
23210/SDPPI/2012
1820
PTA
SUBTEL: ORD.N° 9212/DFRS03441/F-50
Complies with
IDA Standards
DA104328
MOC:51-31312
N136

图 5.139

第六章　资料备份

教学目标：

1.学会使用软件 Ghost、硬盘拷贝机进行资料备份。

2.学会按文件类别进行备份。

3.学会使用硬盘及 U 盘资料恢复工具进行资料恢复。

资料备份又称数据备份，是容灾的基础，是指为防止系统出现操作失误或系统故障导致数据丢失，而将全部或部分数据集合从应用主机的硬盘或阵列复制到其他存储介质的过程。传统的数据备份主要是采用内置或外置的磁带机进行冷备份。但是这种方式只能防止操作失误等人为故障，而且其恢复时间也很长。随着技术的不断发展，数据的海量增加，不少企业开始采用网络备份。网络备份一般通过专业的数据存储管理软件结合相应的硬件和存储设备来实现。

（1）定期磁带

远程磁带库、光盘库备份。即将数据传送到远程备份中心制作完整的备份磁带或光盘。

远程关键数据+磁带备份。采用磁带备份数据，生产机实时向备份机发送关键数据。

（2）数据库

在与主数据库所在生产机相分离的备份机上建立主数据库的一个复制。

（3）网络数据

这种方式是对生产系统的数据库数据和所需跟踪的重要目标文件的更新进行监控与跟踪，并将更新日志通过网络实时传送到备份系统，备份系统则根据日志对磁盘进行更新。

（4）远程镜像

通过高速光纤通道线路和磁盘控制技术将镜像磁盘延伸到远离生产机的地方，镜像磁盘数据与主磁盘数据完全一致，更新方式为同步或异步。

数据备份必须要考虑到数据恢复的问题，包括采用双机热备、磁盘镜像或容错、备份磁带异地存放、关键部件冗余等多种灾难预防措施。这些措施能够在系统发生故障后进行系统恢复。但是这些措施一般只能处理计算机单点故障，对区域性、毁灭性灾难则束手无策，也不具备灾难恢复能力。

第一节　使用软件备份

1.全盘备份 Ghost

Ghost 是赛门铁克公司(Symantec)推出的一个用于系统、数据备份与恢复的工具。其最新版本是 Ghost11。但是自从 Ghost9 之后,它就只能在 Windows 下面运行,提供数据定时备份、自动恢复与系统备份恢复的功能。

本节将要介绍的是 Ghost 11 系列(最新为 11),它在 DOS 下面运行,能够提供对系统的完整备份和恢复,支持的磁盘文件系统格式包括 FAT、FAT32、NTFS、ext2、ext3、linux swap 等,还能够对不支持的分区进行扇区的完全备份。

Ghost 11 系列分为两个版本,Ghost(在 DOS 下面运行)和 Ghost32(在 Windows 下面运行),两者具有统一的界面,可以实现相同的功能,但是 Windows 系统下面的 Ghost 不能恢复 Windows 操作系统所在的分区,因此在这种情况下需要使用 DOS 版。

操作步骤如下所述。

注意:如全盘备份到另一块硬盘,备份到的硬盘容量不小于母盘;如使用新硬盘作为备份盘先要进行格式化。

①启动 Ghost11 之后,会出现如图 6.1 所示画面。

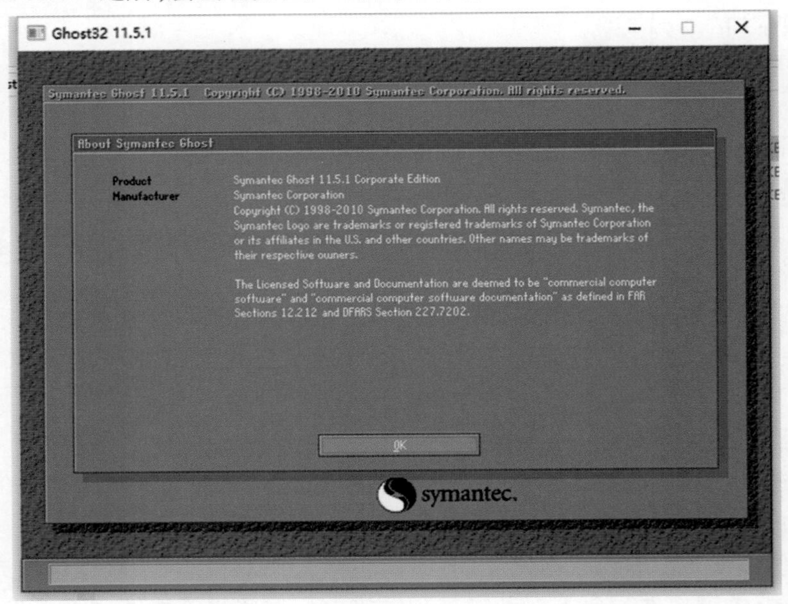

图 6.1

②单击“OK”按钮后,就可以看到 Ghost 的主菜单,如图 6.2 所示。

在主菜单中,有以下几项:

a.Local:本地操作,对本地计算机上的硬盘进行操作。

b.Peer to peer:通过点对点模式对网络计算机上的硬盘进行操作。

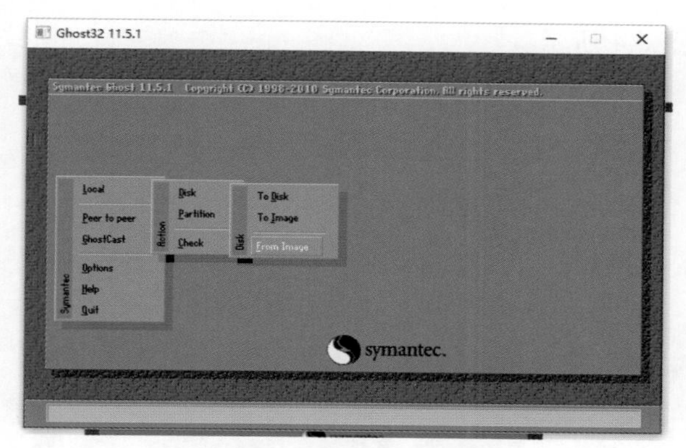

图 6.2

c.GhostCast:通过单播/多播或者广播方式对网络计算机上的硬盘进行操作。

d.Option:使用 Ghsot 时的一些选项,一般使用默认设置即可。

e.Help:一个简洁的帮助。

f.Quit:退出 Ghost。

注意:当计算机上没有安装网络协议的驱动时,Peer to peer 和 GhostCast 选项将不可用(在 DOS 下一般都没有安装)。

③启动 Ghost 之后,选择“Local”→“Partion”对分区进行操作。

a.To Partion:将一个分区的内容复制到另外一个分区。

b.To Image:将一个或多个分区的内容复制到一个镜像文件中。一般备份系统均选择此操作。

c.From Image:将镜像文件恢复到分区中。当系统备份后,可选择此操作恢复系统。

④备份系统。选择“Local”→“Partion”→“To Image”,对分区进行备份。备份分区的步骤为:选择“硬盘”→“选择分区”→“设定镜像文件的位置”→“选择压缩比例”。如果空间不够,还会给出提示。在选择压缩比例时,为了节省空间,一般选择 High。但是压缩比例越大,压缩就越慢。

⑤选择硬盘,如图 6.3 所示。

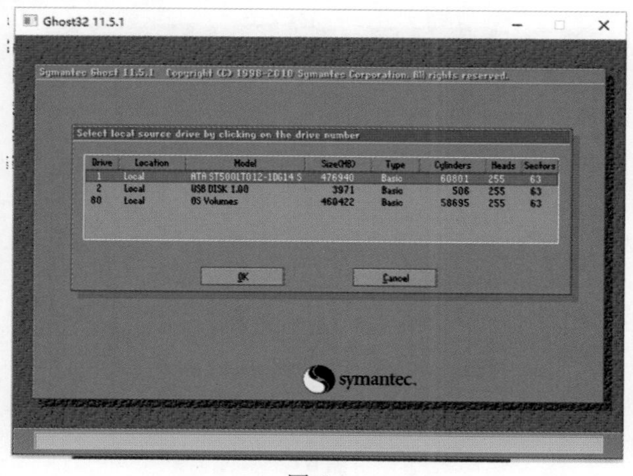

图 6.3

⑥选择分区，如图 6.4 所示。

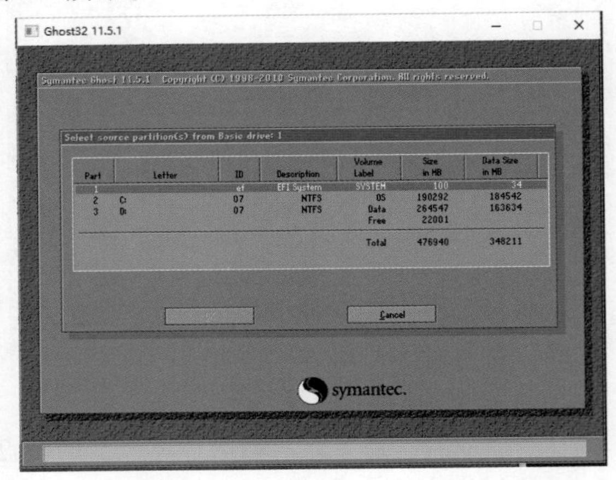

图 6.4

⑦选择多个分区，如图 6.5 所示。

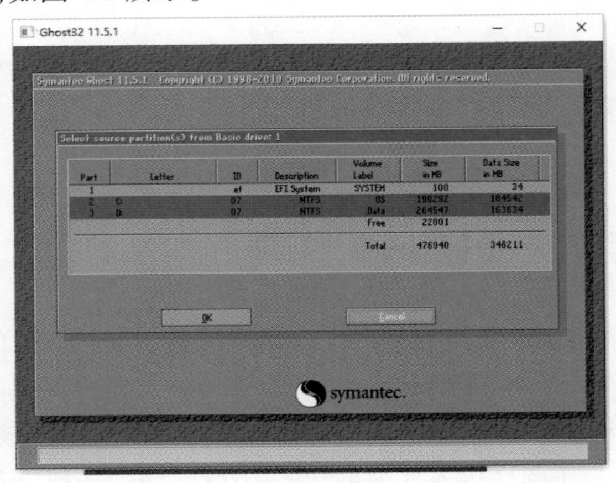

图 6.5

⑧选择镜像文件的位置，如图 6.6 所示。

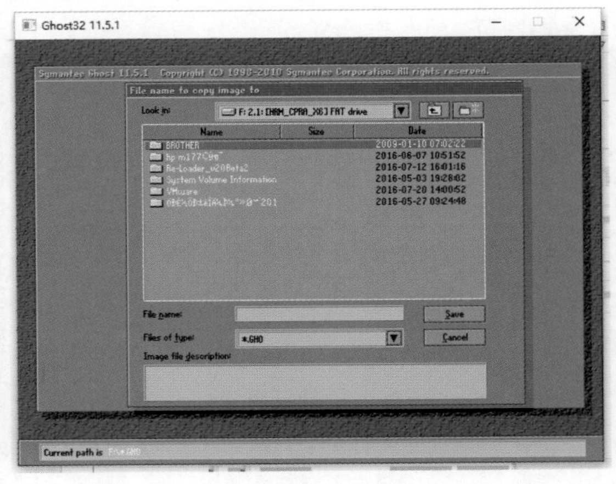

图 6.6

⑨输入镜像文件名,如图 6.7 所示。

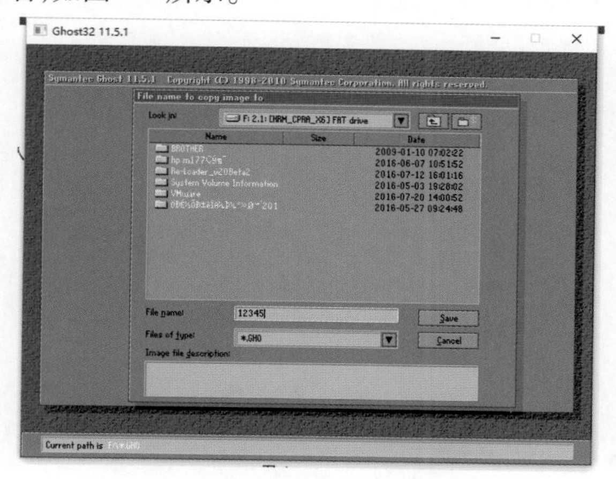

图 6.7

⑩空间不够的提示:是否压缩,如图 6.8 所示。

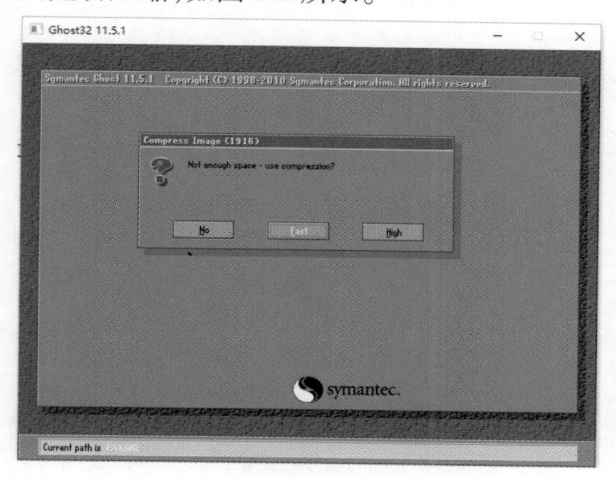

图 6.8

⑪空间不够的提示(是否将镜像文件存储在多个分区上),如图 6.9 所示。

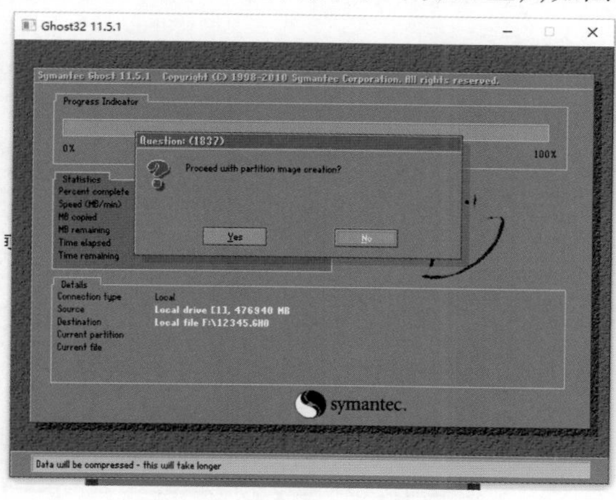

图 6.9

⑫空间不够的警告,如图 6.10 所示。

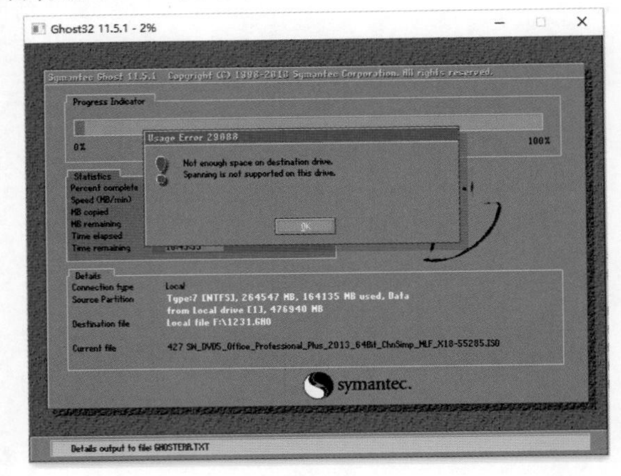

图 6.10

⑬选择压缩比例,如图 6.11 所示。

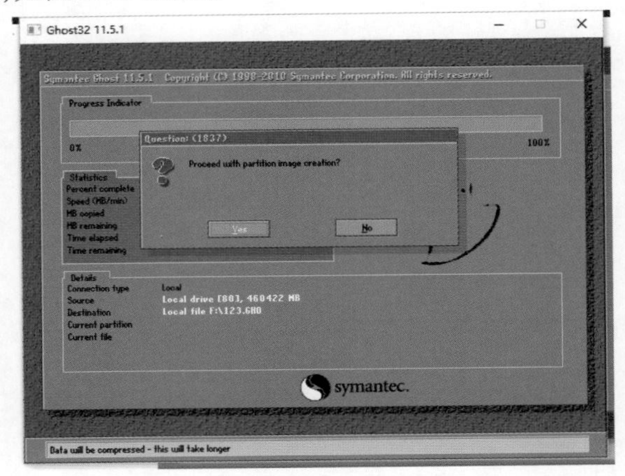

图 6.11

⑭正在进行备份操作,如图 6.12 所示。

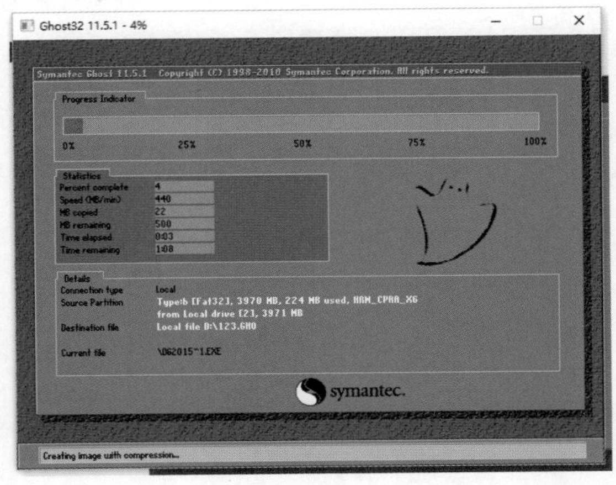

图 6.12

⑮选择"Local"→"Partion"→"From Image",对分区进行恢复,如图 6.13 所示。

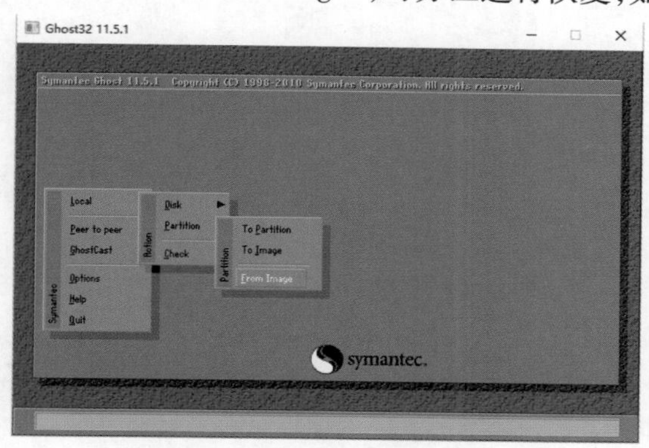

图 6.13

⑯恢复分区的程序如下所述。

选择镜像文件→选择镜像文件中的分区→选择硬盘→选择分区→确认恢复选择的镜像文件。由于一个镜像文件中可能含有多个分区,所以需要"选择分区"→"目标硬盘"→"目标分区"给出提示信息,确认后恢复分区,如图 6.14 至图 6.18 所示。

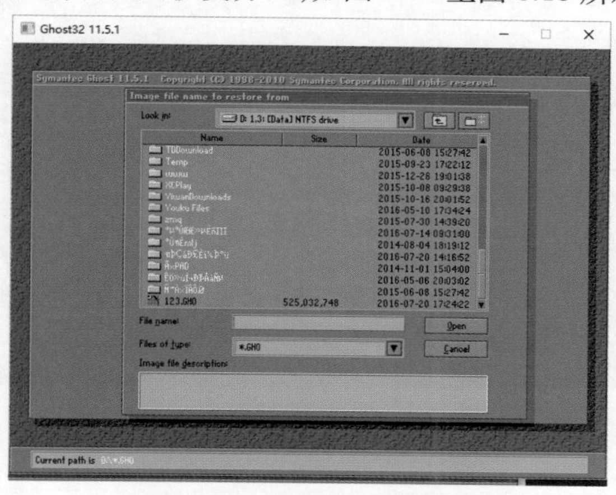

图 6.14

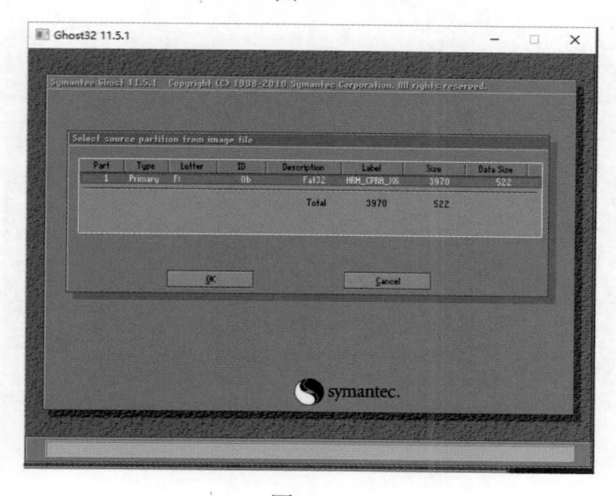

图 6.15

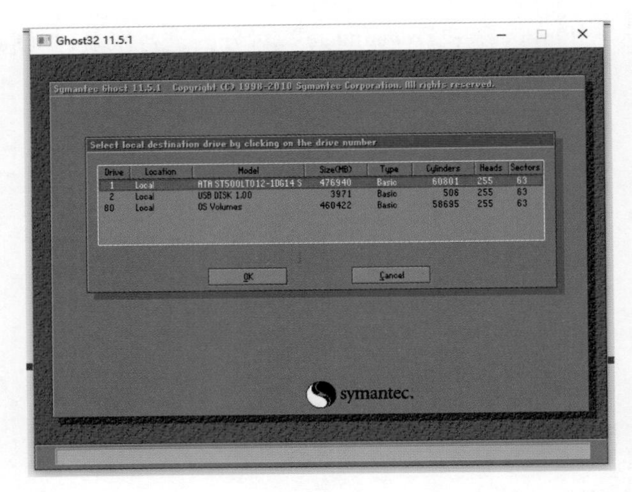

图 6.16

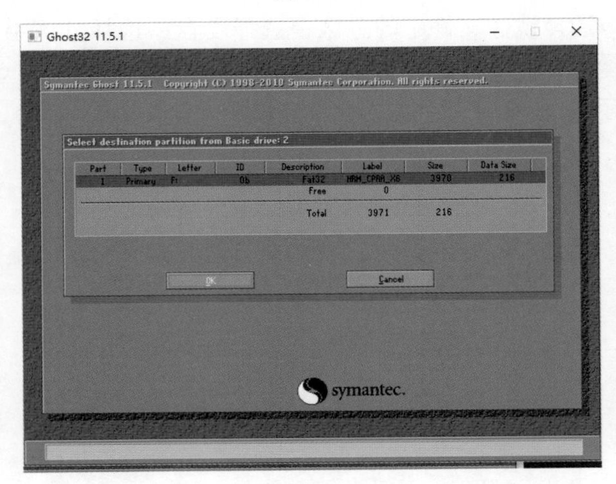

图 6.17

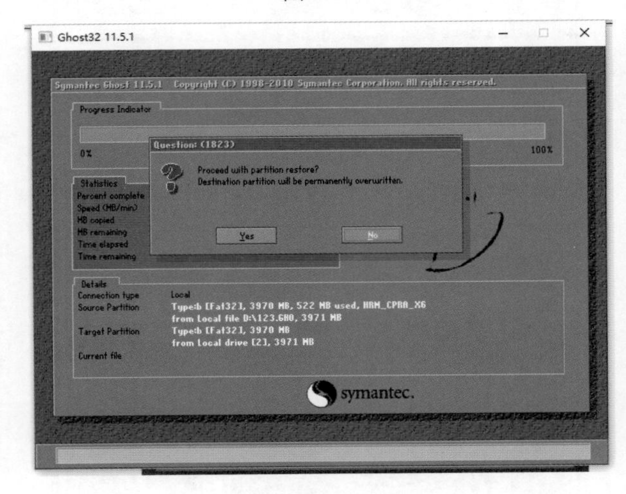

图 6.18

第二节　硬盘拷贝机

（1）ORICO 2013USJ-C 一拖二硬盘拷贝机

ORICO 2013 USJ-C 一拖二硬盘拷贝机如图 6.19 所示。

图 6.19

2 盘位 SATA 硬盘转换设备 ORICO 2013 硬盘拷贝机可同时连接 3 个硬盘，不用通过 PC 操作，直接可以将其中一个硬盘的资料脱机复制到另一个硬盘或是同时脱机复制到另外两个硬盘。也可以使用 USB2.0 数据线和台式机电脑/笔记本电脑/高清播放机等设备连接起来，以方便同时读取 3 个硬盘里的资料，可支持的容量惊人，高达 3 TB×3＝9 TB，如图6.20所示。

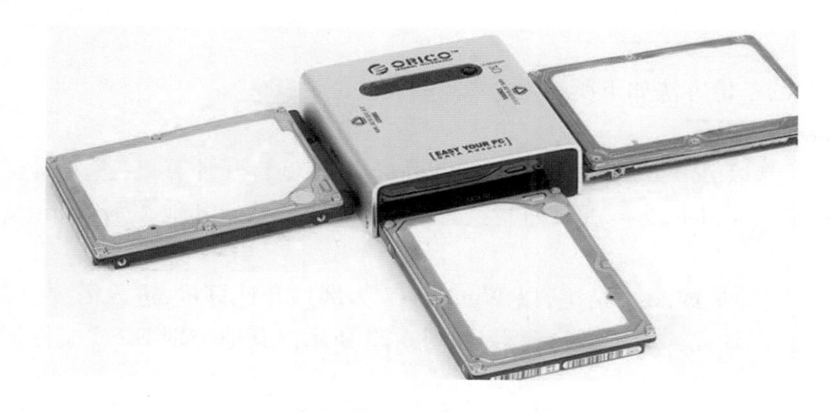

图 6.20

（2）操作步骤

①将需要备份的硬盘连接到 Source，将目标硬盘连接到其他两个任意接口。

②目标硬盘容量大于或等于需要备份的硬盘容量。

③打开电源开关，当拷贝机识别到硬盘时，指示灯亮起；按住开始复制按钮，听到 Beep

一声,硬盘开始复制。

④复制时,硬盘指示灯会一直闪烁,当复制结束后硬盘指示灯长亮。

⑤复制结束后,关掉电源,拔出硬盘。

图 6.21

第三节　按文件类别备份

如果客户不需要全盘备份,则需要咨询客户是否需要对如图 6.22 所示内容进行备份。若不能进入系统,需要将硬盘拆除并挂载到其他计算机上,备份资料。

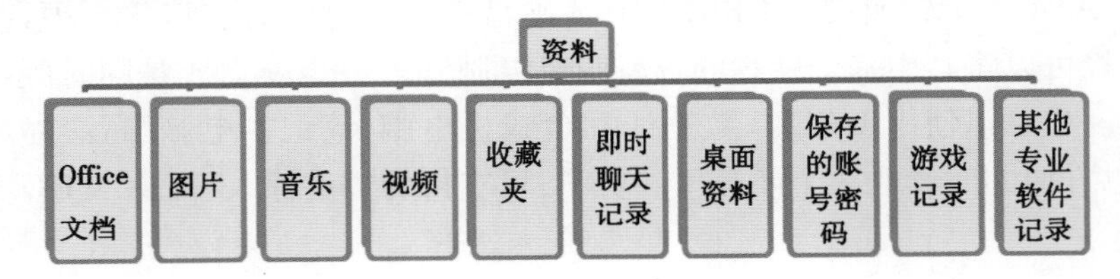

图 6.22

以上资料的备份方法如下所述。

(1) Office 文档

Word 文档是以.doc 或.docx 结尾,以 Windows 7 为例打开计算机,进入需要复制的分区,在右上角输入 * .doc 或 * .docx 进行搜索,如图 6.23 所示。其他类别 Word 文件请咨询用户存储习惯。

Excel 文档以.xls 或.xlsx 结尾,以 Windows 7 为例打开计算机,进入需要复制的分区,在右上角输入 * .xls 或 * .xlsx 进行搜索,如图 6.23 所示。其他类别 Excel 文件请咨询用户存储习惯。

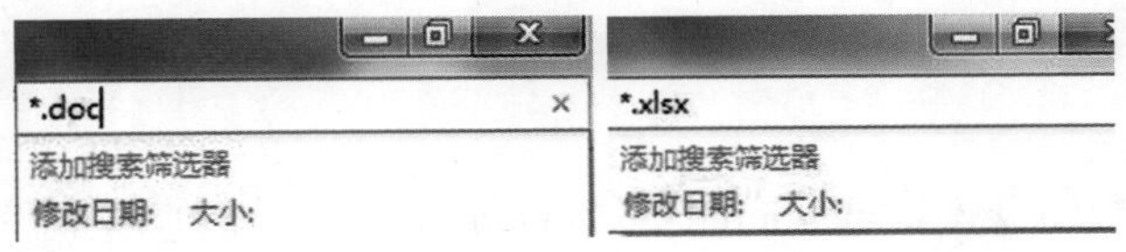

图 6.23

(2)Outlook 需要备份邮件资料

如能启动,则进入“文件”→“信息”→“账户设置”→“数据文件”,查看 *.pst 文件存储位置,如图 6.24 所示。

图 6.24

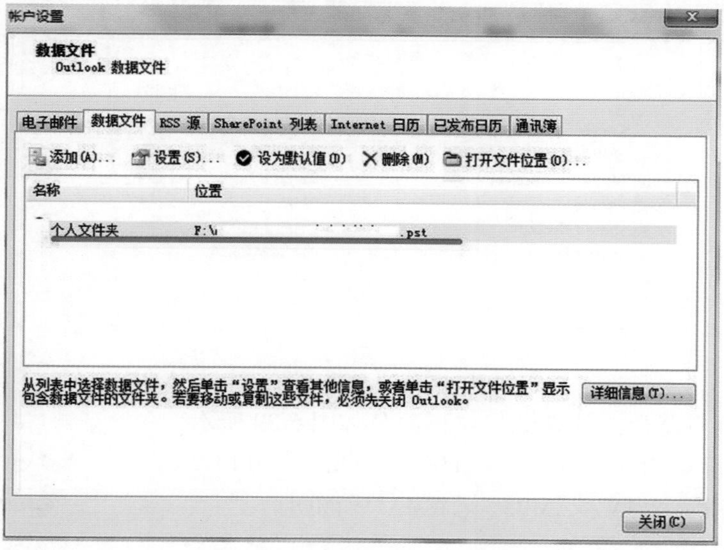

图 6.25

如不能开机,把硬盘挂载到其他电脑,搜索 *.pst 文件,然后复制。

(3)收藏夹备份

路径如下:C:\Users\用户名\Favorites,如图 6.26 所示。

图 6.26

(4)即时聊天记录

①QQ,路径可以通过 QQ 号进行搜索,如图 6.27 所示。

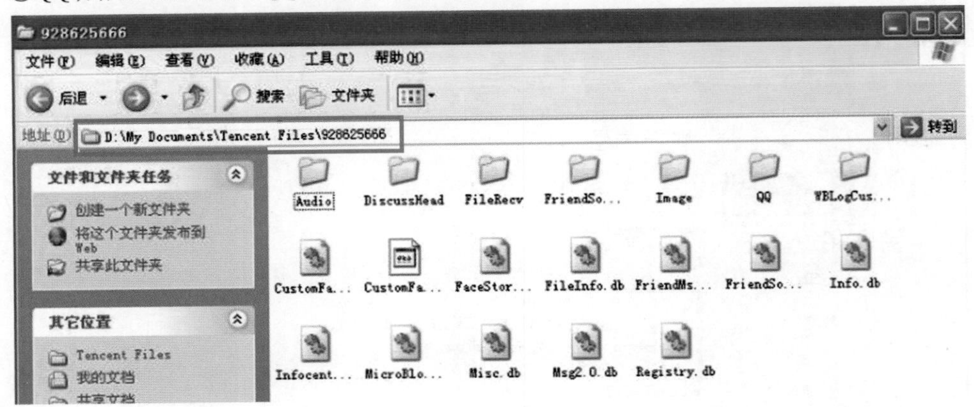

图 6.27

②SKYPE,C:\Users\用户名\AppData\Roaming\Skype,如图 6.28 所示。

图 6.28

(5)桌面资料路径:“计算机”→“桌面”,如图 6.29 所示。

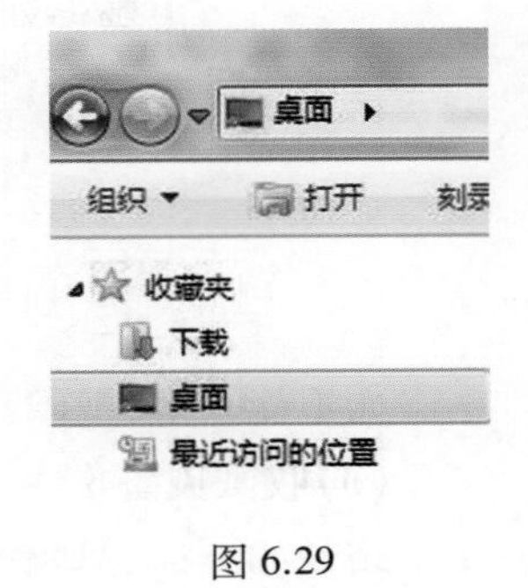

图 6.29

①图片搜索 *.BMP、* PCX、*.TIFF、*.GIF、*.JPEG

②音频搜索 *.WAV、*.MP3、*.WMA、*.MOD

③微软视频:wmv、asf、asx

④Real Player:rm、rmvb

⑤MPEG 视频:mpg、mpeg、mpe

⑥手机视频:3GP

⑦Apple 视频:mov

⑧Sony 视频:mp4、m4v

⑨其他常见视频:avi、dat、mkv、flv、vob

第四节　硬盘及 U 盘资料恢复工具——EasyRecovery

EasyRecovery 是世界著名数据恢复公司 Ontrack 的技术杰作，它是一个作用非常强大的硬盘数据恢复工具，能够帮助用户恢复丢失的数据以及重建文件系统。EasyRecovery 不会向用户的原始驱动器写入任何东西，其主要是在内存中重建文件分区表使数据能够安全地传输到其他驱动器中。用户可以从被病毒破坏或是已经格式化的硬盘中恢复数据。该软件可以恢复大于 8.4 GB 的硬盘，支持长文件名。被破坏的硬盘中如丢失的引导记录、BIOS 参数数据块、分区表、FAT 表、引导区都可由其来进行恢复。本软件能够对 ZIP 文件以及微软的 Office 系列文档进行修复。Professional 版更是囊括了磁盘诊断、数据恢复、文件修复、E-mail 修复等全部 4 大类 19 个项目的各种数据文件修复和磁盘诊断方案。

例如，原来在 D 盘上有一些数据文件被删除了，选择“数据恢复”，然后单击“高级恢复”按钮，如图 6.30 所示。

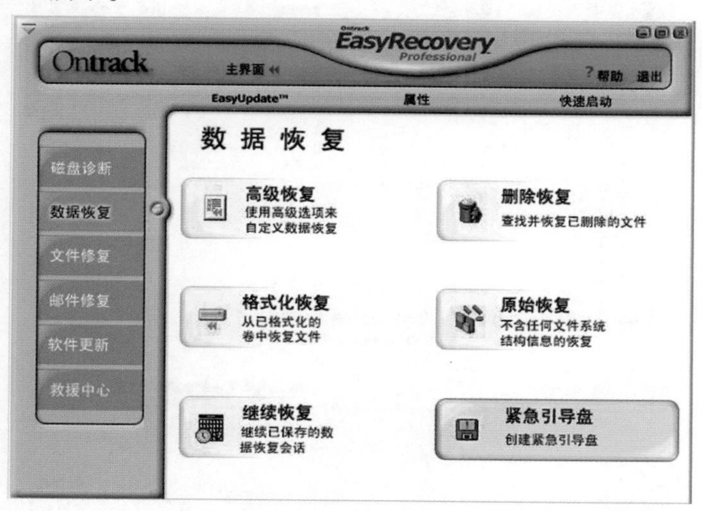

图 6.30

进入“高级恢复”对话框后，软件自动扫描出目前硬盘分区的情况，分区信息是直接从分区表中读取出来的。现在要恢复 D 盘上的文件，故选择 D 盘，单击“下一步”按钮，如图 6.31 所示。

软件开始自动扫描该盘上曾经被删除了哪些文件，根据硬盘的大小，可能需要一段比较长的时间。

扫描完成后，将该盘上的所有文件夹以及文件显示出来，包括曾经被删除的文件和文件夹。选择想要恢复的文件或文件夹，单击“下一步”按钮，如图 6.32 所示。

注意：要恢复的文件和保存的文件不能放在同一个目录里。这里选择放在 E 盘，单击“下一步”选项，这样需要恢复的文件就恢复完成了，如图 6.34 所示。

EasyRecovery 软件功能强大，除了上述文件恢复功能外还有其他功能，可以自行实验一下。下面将介绍使用这个软件的一些注意事项。

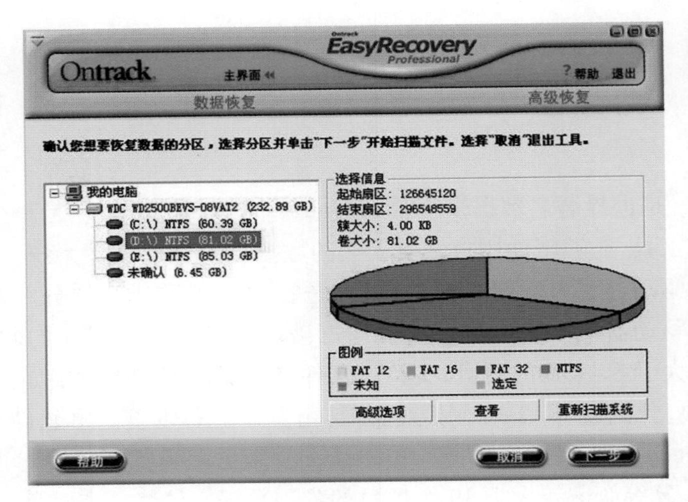

图 6.31

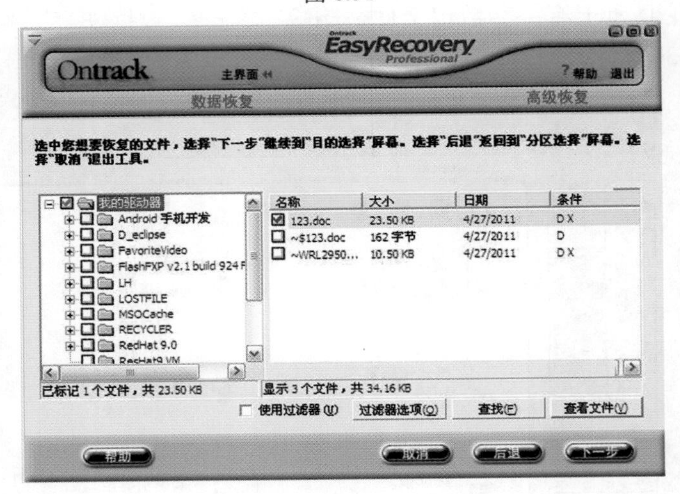

图 6.32

图 6.33

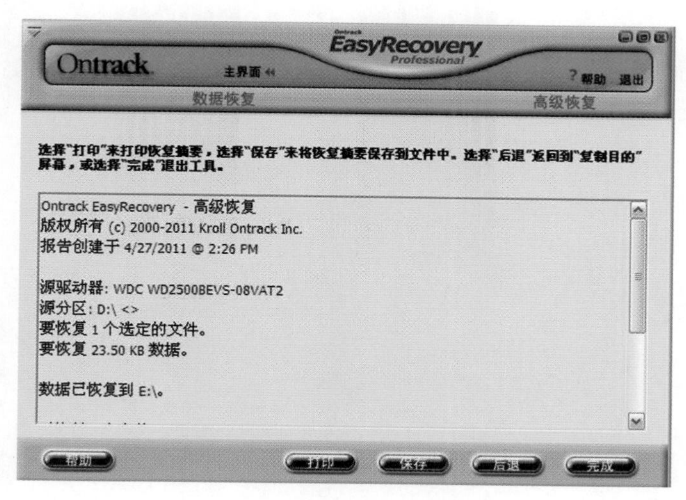

图 6.34

◆最好在重新安装计算机操作系统完成后，就将 EasyRecovery 软件安装上，这样一旦计算机有文件丢失现象就可以使用 EasyRecovery 进行恢复。

◆不能在文件丢失以后再安装 EasyRecovery 文件恢复软件，因为这样的话 EasyRecovery 极有可能将要恢复的文件覆盖掉。如果在没有安装 EasyRecovery 的情况下文件丢失，这时最好不要往计算机里复制任务文件。可以将计算机的硬盘拔下来，放到其他已经安装有 EasyRecovery 软件的计算机上进行恢复。

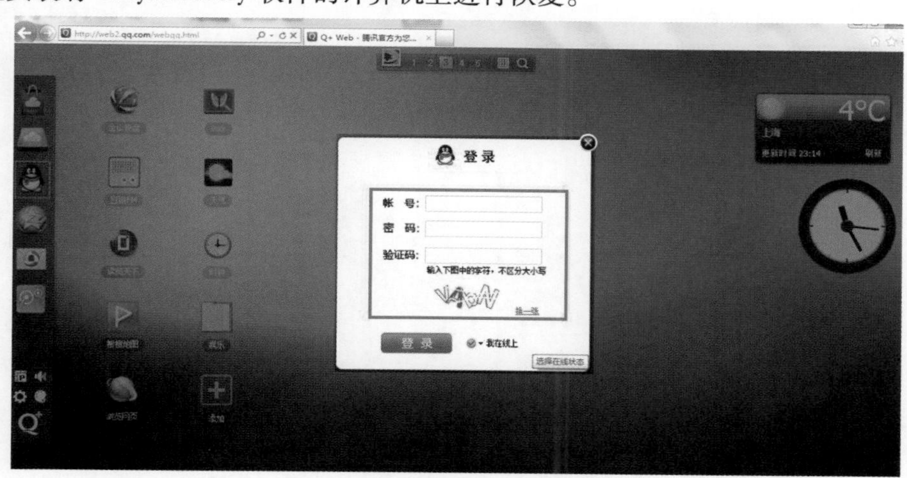

图 6.35